U0390746

国家电网
STATE GRID

国网苏州供电公司
STATE GRID SUZHOU POWER SUPPLY COMPANY

国网苏州供电公司
党建文化读本

一记红

吕文杰 主编

中国·苏州

古吴轩出版社

总策划 陈宏钟

主　编 吕文杰

副主编 徐开志　杨波

编　委 黄建宏　常敏跃　张国庆　吴　威

　　　　　顾建铭　杨建华　陈建昌　詹元方

　　　　　吴毅炜　陆辰缘　马　燎　郑　豪

序

我本人特别喜欢喝茶。

喝茶是身心与传统文化相交融的好机会。

孔子说得好，知之者不如好之者，好之者不如乐之者。

对待喜好的事物是这样，对待文化是这样，对待信仰和理想更应该是这样。不仅仅是理解，不仅仅是擅长，更应该是价值的认同、信仰的坚定：发自内心的认同，打心眼里喜欢，能够持续从行动中探索出门道、发掘出趣味，能够使它与你的生活工作自然连在一起，能够自觉自愿地融在其中，获得一种生命的踏实感与幸福感。

从2015年以来，国网苏州供电公司党委响应中共苏州市委号召，根据市委组织部统一安排先后选派两任第一书记，在西山进行精准扶贫。两位第一书记的实践取得了非常好的成效，他们首先是喜欢乡村，对苏州的乡土怀着深厚的情感。然后，他们发挥自身工作的行业优势和党建优势，将党对群众的关心关爱转化为切实有效、看得见摸得着的实际成果。同时，他们做好了电力先行官，把供电人的服务带到乡村，把当地干部群众凝聚在一起，团结一切可以团结的力量为精准扶贫发力。他们因地制宜地从碧螺春茶入手创建"一记红"品牌，实现了党建工作、扶贫工作、供电社会责任、守护绿水青山、传承传统优秀文化的同目标、同建设、同促进的协同发展模式。

在他们这样做的时候，公司也倾注了很大的热情来促进扶贫事业的发展。"一人驻村 全员支持"，这不仅仅是一两个书记的个人行为，更是国家电网积极支持社会事业发展的责任所在。更为关键的，是我们供电公司也在积极探索新时代党建工作的新理论、新方法与新实践。

党建工作既要务虚更要务实，要有思想高度，也要有实践深度，而理论与实践又需要有机结合、高度统一。如何在党建工作的微观实践中，摸索出一套行之有效的方法，形成与时俱进又切中实务的自身理论体系；如何让党的思想、党的信念真正成为新时代党员身体力行的价值追求，形成与传统文化、人类共同价值共通的具备鲜活生命力的文化土壤；如何真正凝聚人心、促进发展，都是我们每一个党组织和党务工作者所关注的核心问题。

孔子说："富而好礼。"苏州历来是经济富庶、人文底蕴非常深厚的好地方。长久以来，国网苏州供电公司好人辈出，涌现了韩克勤、龚卫初、朱惠琴等"中国好人"和十几名"苏州好人"。在公司的倡导下，好人们"抱团"聚力成立了"苏供好人联盟"，更强更好地服务社会，彰显电力人风采。而如今我们又找到了在好山好水中培育好人、好党员的新路径，让党建事业、扶贫事业、文化事业在一个维度上共同发力。

好山好水好人好茶，"一记红"可能又是一个非常好的开始。我们也有理由期待，这本纪实性的书能给党建工作以及精准扶贫和乡村振兴带来更好的启发，衍生出更多的好党员、好故事。

吕文杰

2018 年 10 月

西山茶缘

（代序）／

茶者，南方之嘉木也。

西山产茶，古已有之，其历史可追溯到一千余年前的唐代，洞庭茶自那时起便被列为贡品。因其色泽碧绿、卷曲似螺，被康熙帝赐名"碧螺春"，至今蜚声海内外。西山茶为绿茶，人工采摘、手工炒制，产量低、品质参差不齐，如何突破产能、品质和销售的瓶颈，一直是西山茶农的困惑。

精准扶贫的春风，让供电公司和衙甪里村走到了一起。如何在短时间内帮助村集体脱贫和致富，他们将目光一同聚焦到西山的传统产业茶叶上。为了稳定鲜叶质量和市场收购价格，他们组建了农民股份合作社；为了提升茶叶的品质，他们研发了红茶标准化加工制作的工艺流程；为了拓宽茶叶的销售渠道，他们精心设计包装，还注册商标品牌"一记红"，打通了线上线下销售渠道。

短短两年时间，"一记红"走出了西山岛，红遍了大江南北。

"洞庭山脚太湖心"，西山岛四面环水，在太湖大桥未通车前，交通极为不便，基础设施相对落后。以茶为媒，"一记红"让金庭镇（2007年西山镇更名为金庭镇）和供电公司结下了深厚的友谊。在供电公司的大力支持下，低压线路入地、架空线入地、二路电源增设等投资8000多万元的一系列电力基础设施项目得以快速落地，补齐了金庭镇民生实事的短板，解决了金庭百姓的后顾之忧。

"南方有嘉木，西山一记红"，碧螺春这一东方神叶，在新时代春风的吹拂下，在美丽的"太湖红心岛"幻化出新的生命。"一记红"这一品牌，在供电公司以及两任"第一书记"的呵护下必将越擦越亮、发扬光大。

金庭镇和供电公司通过第一书记，结下了深厚的情谊，成为亲密的合作伙伴。在新时代鲜艳党旗的指引下，秉持着"为人民服务"和"人民电业为人民"的精神和宗旨，彼此精诚合作，振兴乡村，共同奋斗，实现美丽的中国梦。

中共苏州市吴中区金庭镇委员会
苏州市吴中区金庭镇人民政府
2018 年 10 月 23 日

一记红

国网苏州供电公司
党建文化读本

目录

序

西山茶缘（代序）

壹

南方有嘉木
西山一记红

03/　春分·玄鸟翩至　一记红茶盛筵

10/　霜降·秋菊竞放　衙甪里的今夕

22/　立春·东风解舞　遇见是一种缘

40/　夏至·杨梅初红　制茶的苦与乐

56/　小满·田畴青秀　新丰桥上回望

71/　大雪·鹖鸟不鸣　缘有源境无尽

贰

一记红茶馆

/

84 / 茶有西山"一记红"

范小青

94 / 一记红

陶文瑜

104 / 衙甪里碧螺之前世今生

小 海

110 / 西山的期待

亦 然

116 / 今朝忽到此山中

潘 敏

叁

杂记

/

123 / 缘有源 境无尽

杨建华

131 / 苦尽甘来品真味 洞庭红茶飘新香

王壮伟

138 / 寻思故里 深隐于茶

郑 豪

144 / 和第一书记一起做碧螺红茶

尹向阳

肆

跋 /

157 / 跋

引言

　　立秋这天，没有雨，太阳亮，远处是轻巧的白云朵朵，近处是隐约桂花香。泡上一杯"一记红"碧螺红茶，香气满溢。桌角摆放着一盆秋海棠红蕊初绽，突然想到苏州市党建品牌的名字叫作"海棠花红"，金庭镇党建品牌的名字叫作"太湖红心岛"。这绿水青山里，粉墙黛瓦间，海棠花红、红心照耀……苏州真是个风物清嘉的好地方，美好都绽放在这自然之中。有苏州园林则多有海棠花开，这园林也是古人仰慕天地自然的产物。由着这对自然的爱慕，生发出纯洁而美好的情感、愿望与理想，也自是这一方水土之上人们的秉性。

　　然后明白，好山好水里产出了好茶，自然也熏染了好人。天地万物的造化，四时雨露的滋养，这秀美的吴中，也孕育了拥有一颗红心的"秀美人"——"一记红"。

壹

南方有嘉木
西山一记红

春分·玄鸟翩至
一记红茶盛筵

开筵

　　2018年3月27日，清明前，太湖西山岛，在一个名叫衙甪里的村庄里，一间临山茶社里里外外挤满了人。

　　外面春寒频频，太湖水平静又舒展。茶叶们频伸懒腰，喜悦满面，准备闪亮登场。人们或坐或站，或唱或和，群相多姿。评弹俊男倩女拨琴弄弦，而茶艺师则在一旁精心调制茶水，纤手杯盏之间，一盅盅碧螺红茶水被送到客人手中，香气盈盈，余味深长。范小青、陶文瑜、常新、燕华君、陈如冬、夏回等苏州知名作家、画家，欢聚一堂，会场里还站着大批特殊客人，他们是衙甪里村民，兴奋，好奇，脸上带着朴素与羞涩，他们心知肚明，这是村里的一桩大事情……这样的会前安排，看似

国网苏州供电公司

2018 年 3 月 27 日西山"一记红"早春茶会

随意，实则颇具匠心。一场关于"一记红"茶会的盛筵即将拉开帷幕。

嘉宾们被吊足了好奇心，只知道西山出碧螺春绿茶，"一记红"是什么茶？它与碧螺绿茶是什么关系？开场视频回放，嘉宾们记住了三句话：

好山好水好茶好人。

一网情深，牢记使命。

一记红来四季红。

茶最早属于药品，其后是菜蔬，一直到唐代，茶才正式成为日常饮用之物。

陆羽说"茶有真香"。

陆羽认为，茶有添加物就等于"沟渠间弃水"。茶有真香，这是陆羽的重大发现，从此以后，人们突然对茶敬畏起来，洗浴、焚香、净手，全身上下干净之后，才能煮茶、喝茶、讲茶。

听曲

雅致的"一记红"发布会须配雅致苏州评弹，这样才能体会古人所谓的风雅之至吧。

叮叮咚咚的评弹声中，客人们如痴如醉，但听得词曰：金庭锦绣冠吴中，好山好水好春风……陆羽茶圣临此地，水月坞边雨蒙蒙……爱民如子清廉吏，也是爱茶之人暴家公……精准扶贫民心聚，第一书记有大功……碧螺创新红茶梦，继往开来扬新风……

原来这小小西山衙甪里，也是地理人文绝佳之处，既有好茶诞生的优渥土壤，又是文脉传承的风水宝地。这"一记红"，是一款源自碧螺春茶种的辨识度极高的精品红茶，是国网苏州供电公司响应市委、市政府号召，委派两任第一书记下乡精准扶贫的结果。它的名字，原是精准扶贫第一书记碧螺红茶的缩写，但这无心插柳的说法，却有一种朗朗上口的独特韵味。难怪范小青说，她在拿到茶的样品时，"一记红"早已一记头刻在她的心里了。

上："好山好水好人好茶"评弹表演

下：各界人士茶话交流

品茶

接着，茶艺大师尹向阳边为大家表演茶艺，边给客人们一一斟上"一记红"碧螺红茶水，此时的发布会达到了高潮。作家纷纷献上美文佳句，画家频频亮出才情画意。发言嘉宾里也是高人无数，有报社主编、商务印书馆总编、省农科院技术员、市农委科技培训处处长、自由出版人、茶人、市委组织部领导、吴中区及金庭镇领导、供电公司领导等。最后，主角登场：衙甪里村第一任"第一书记"吴威，第二任"第一书记"杨建华，"大学生村官"郑豪，他们是真正研制推广"一记红"碧螺红茶的主角。

"一记红"，一记头就红了，相信你再不会忘记这茶名的奇特缘分。对"一记红"的描述有十二个字：香浓似蜜，水活灵动，味纯留甘。

心中之茶不是手上之茶。

手上之茶不是纸上之茶。

纸上之茶早已不是心中原有之茶。

有点绕，但似乎已抵达"仿佛"之境界，多么好！

清明气息，高古灵魂，正气人物，深远意境。就在此地此时，正好我们喝着西山岛衙甪里村的"一记红"，青山绿水此刻正幻化成实打实的金山银山。

说客

泛花邀坐客，代饮引情言。

一锤定音，苏州市委组织部领导表示："一记红"项目重在树品牌、搞创新、聚人心，因地制宜地发展特色农业，体现了"第一书记"的政治担当和工作特点；为精准扶贫探索出一条绿色发展的好路子，打造了乡村振兴的"西山样板"。

电视台、电台及苏州杂志社为此次的"一记红"碧螺红茶早春茶会以专辑形式进行介绍，影像、说唱、文字、绘画、书法，全城尽说"一记红"。

这样既别致、多元化且有趣的早春新茶发布会你在别处见过吗？

精准扶贫，亮了；"一记红"，红了。

陶文瑜说，"一记红"不像其他红茶，强词夺理或咄咄逼人，土生土长和矢志不渝用在她身上，再妥当也没有了。

在一切事物的背后，始终都有不可知的生活，更有冷暖自知的故事。那么故事又是怎么开始的呢？衙甪里村，精准扶贫，第一书记，"一记红"碧螺红茶，且让我们慢慢走进故事里……

霜降·秋菊竞放
衙甪里的今夕

村里来了第一书记

责任，是一切奇迹的开始。

吴威记得，他开车去西山岛衙甪里村任职时，第二座太湖大桥刚开始修建。这是 2015 年 10 月某天，吴威揣着一本《苏州市首批市派到村任职第一书记工作手册》，走马上任了。

当时的衙甪里村是什么情况呢？翻阅资料后，吴威了解得七七八八：有许多古迹，如古码头、禹王庙、郑泾港；有关于陆羽制茶和清廉官员暴式昭的传说；没有工业，没有污染；算是古村，但房子基本上是新的。所谓的扶贫扶的是集体的贫，农民生活虽说不及城里，大体上还不算太差：老百姓家里的子女在外面赚钱，回来

衙甪里村一隅

造房子，房子造得气派又亮堂；村民以茶叶、橘子、枇杷、杨梅等经济农作物种植为主，以外出务工为主要收入，人均基本年收入在1.6万元左右。

吴威刚落到村里，其实并不知道具体要扶什么贫。

朴素微笑，大度语言，慢条斯理的处事风格，勇于担当的坚硬肩膀，这是衙甪里村民眼里第一书记吴威的形象。吴威想，既来之则安之，其实他心里明白组织派他下来，有一个小目标：确保到2016年底，全村实现村级稳定收入超过200万元。其他的职责是指导基层组织，推动精准帮扶，兴办惠民实事，加强基层治理。

村支书马燎见多识广，苏州、南京瞎跑跑，也是见过世面的人。他冷眼瞧着兴致勃勃的吴威说，年年扶贫年年贫，扶了二十多年也没什么花头，来就来吧。村民三三两两站着，他们想不通，这个城里娃到乡下来做啥？

吴威想到来村里之前，公司领导的嘱咐：你不能把自己当成当地村干部，产生本位思想，你也不能直接沉到村里去，要从结构和根本上动脑筋；总之你是去扶贫的，关键要有一双发现的眼睛。

什么叫"来于实践又高于实践"，这个道理共产党员吴威懂的。

吴威每天在村子里东转西转，看田、看果树、茶树，与村民闲聊，顺带察看村里的道路、用电、村支部情况等。他有一个小本子，一直带在身边，没事记上几笔。日子连着日子，太阳每天都是新的，吴威早出晚归，常常开车来回150公里左右，定定心心地在村里驻扎下来，真把自己当成一个村民。

敲敲脑袋，脚底板会响。吴威就是此类聪明人，终于有收获了，在小本子上记下：村域面积8.2平方公里，于2003年由衙里、甪里、五丰和震建四个自然村合并而成，目前共有28个村民小组1295户3693人⋯⋯

他心里更是装着一本沉甸甸的《贫困户情况表》：低保14户，低保边缘8户，困难83户，共占到全村总户数的8.1%。

"精准扶贫"真的不是四个字那么简单、容易。

吴威在村里一共待了15个月，春夏秋冬，四季更迭。村里既没有工业，又分田到户，果树、茶树都在村民手里。村委会一无地产二无房产，薄弱的乡村村委会说话没人听，做事没人跟，从这点上看，扶贫自有它朴素的真理。就说一个开会迟到问题吧，在农村真不算一个问题，干部也是人，再说现在村里"没花头的人才做干部"，大部分党员年老体弱，谁家没有点小事情，谁没有点小病痛？吴威心里想好一些措施和规章制度，贴上墙，再分别找党员干部谈心，第二次会议迟到情况没有改观，到第三次开会时，再没有一个干部迟到了。没有人迟到的会议看上去特别像一个和谐大家庭的家庭会议，村民们都对第一书记刮目相看。

扶的是集体的贫

霜降期间，秋菊竞放。苗全苗亦旺，草长草衰期。即便是城里娃，吴威也知道一年里最好的季节来了。

实际上，最难也最头痛的事是如何完成经济指标。扶贫虽说扶的是集体的贫，但如何给村里的老百姓一些看得见的实惠，这才是压在吴威心上最重的一件事。其实，一些纸面上的所谓任务，誓言，职责，指标，在生活里都是一桩一桩接连不断的琐事，这些众多、烦琐的小事，慢慢积累，吴威将它们渐渐锁定，再进一步想方设法去做，突然有一天就做成了一件大事。

上：衔甬里生态养鸡场

下：吴威与郑豪考察现代化农业园

在村委会帮助下，吴威主导成立了"角湾里农业合作社"和"衙角里劳务合作社"，给衙角里村民的花果茶蛋等收成提供了一个好去处。如今供电公司职工每买一份鸡蛋，就有一元钱用于帮助村里最困难的群众，这是长效帮扶措施。更让他难忘的是 2016 年春节前，零下 9 度，太湖冰封，村里向单位职工供应 2400 多只草鸡。现杀现送不用冰箱，职工们纷纷说"生态草鸡，吃到了小辰光味道"。通过吴威的努力，城里人不间断吃到来自衙角里村的茶叶、大米、瓜果、蜂蜜、枇杷膏、草鸡、草鸡蛋以及太湖三白……反正，国网苏州供电公司全体职工都知道西山岛有个衙角里村，衙角里村民也全知晓苏州供电公司给他们派来了最好的第一书记。

十五个月，四百五十多天，时间说长不长，说短不短，说着容易，真要一天一天地过过来，也不容易。第一书记职位虽小，可村民的生老病死、衣食住行、上学就业、生产经营，全都是其职责所在。吴威有时工作到深夜十点多钟，不要说喝水，经常连饭都顾不上吃。衣服湿了干，干了湿；脸膛先是发红再发黑，发黑之后又生满脸青春痘。他写道："第一书记"究竟好不好当？难与易，其实全在于自己。为此他总结出农村工作的"四个足够"：只要你有足够的毅力、足够的信心、足够的责任心，再投入足够的精力，农村工作难不倒你。

吴威的时间去哪里了？在每天从园区湖东到西山衙用里村来回150公里的里程数里；在孩子骄傲的中考成绩单里；在低保户李老太欢喜的眼泪水里；在细心画好的各类表格里……离任临别，吴威在专门为衙用里做的"第一书记驻村任职交流汇报稿"中，留下的是意味深长的一串数据：2016年，顺利完成村党委村委换届工作；完成仰坞里红橘保护园转变的报验与通电；完成116金西线、117金庭线入地改造项目；重点排查农村建房，办理低保，征地拆迁等涉及百姓利益的风险点；村委会资金由原来的50万元增加到250万元，这些成果真正树立了党在群众中的威信及形象。

这仅是吴威十五个月任职成果的一部分，成人世界哪有"容易"二字？哪有什么坐享其成，都是努力付出之后的水到渠成和鸟语花香。幸福连带感恩，感恩，是因为吴威参与了衙用里村整整十五个月的工作生活；婚嫁、丧葬、播种、收获等流程，吴威都和当地人一起参与，所有衙用里村的红白喜丧事，吴威都像当地人一样随份子。农村与城市，乡村与都市，有太多的相同与不同，世界因此变小，地球因此而温暖。

他找了个"村官"搭档

吴威在村里的一举一动、一言一行都被一个叫郑豪的年轻人看在眼里，记在心里。郑豪，衙甪里村党总支副书记，"大学生村官"，更是吴威的好搭档、好助手。

郑豪就是来"搞事情"的，他找到吴威，如此这般说了一个念头。吴威心里一惊，到底同是年轻人，玩游戏玩到一起不稀奇，想事情居然也会想到一起，服你。

郑豪说，他想颠覆村里如今做茶叶的方法，挑战一下传统制茶工艺，他想做一款不一样的碧螺茶。"土著人"带着城里人走遍衙甪里村的角角落落，俩人边看风景边商讨如何制茶。

衙甪里村古意森森，遍布古迹。据说，茶圣陆羽曾在此隐居且研茶；曾任甪里巡检的清官暴式昭对啜饮红茶颇为喜爱；本地文字爱好者许晨写到她钟爱的郑泾港时，压抑不住内心的喜悦与骄傲：几百年前若使用航拍，西山甪里是壮观的景象。背景是成片的山林、果园，街道房屋像线与块凸显其上……这样一幅画卷由上而下三分之二处折一道谷，由北向南掬水流入，便是郑泾港了……郑泾港始建于唐代，在明清时曾是浙江、江苏两省的界河。全长 1.5 公里，现存三桥。

第一书记吴威和"大学生村官"郑豪走完北端永宁桥，再走南端南星桥，最后站在传统的渡桥上，彼此讨论的却是改良衙甪里村传统的制茶方式，表面看既别扭又另类，骨子里却有一种螺旋式上升的态势，这也是人类之所以能够走到今天的方式方法吧。

时令到了秋天，一年中最旷达的季节：风轻软，雨微凉。山在远处沉默，水在近旁作响。秋风起，橘子饱满，板栗沉甸，银杏树叶幻化成一地金黄碎玻璃。在吴威眼里，衙甪里村美得像是一部童话。

但，他要离开了。离开衙甪里，重回供电公司，这是规定也是任务。话说，精准扶贫到了节骨眼上，茶叶研制刚刚有点眉目，弓弦满满即将发出的关键时刻，吴威能不着急接班人的选定吗？有意无意中，他悄悄打听到单位里有人主动请缨，接替他第一书记的也是一名供电人，叫杨建华，是曾经和他在一个楼面办公的同事。吴威的心稍稍安定了。

因为热爱，国网苏州供电公司把近在咫尺带往远在天边，把默默无闻化作有声有色。发达归发达，便捷是便捷，经济即经济，优势显优势，而能超越这一切的是国家电网的企业精神："努力超越，追求卓越。"这是一份责任央企的无畏担当。

衙甪里村自有一种特殊气质，它不霸道，但执着，不管世事如何，它不温不火弥漫在镇子的每一个角落，这种冷静的执着，令人尊敬。衙甪里村绿树遍地，红花满眼，就算季节轮换，花朵枯萎，但花的香气仍然留在空气里。吸进去是它，吐出来也是它，被乡村美好环境滋养着，吴威的心才慢慢放平下来。

吴威说过一段话："只有让老百姓看得见，摸得着，才能将党和政府对薄弱村的关怀传递至最后一公里。"这个不善言辞、憨厚、沉稳的"理工男"，心底深处装着满满爱意，这一点衙甪里村民最有发言权。

"好小倌。"

"做生活坯子。"

"有想法，有干劲，能落实，出成果。"

"看他不怎么讲话，心里有想法。"

"这个城里小囡心里角角落落全部是衙甪里村。"

……

因为来到衙甪里村，吴威的青春及人生注定不平凡；而衙甪里村因为吴威的来到，所发生的改变真的不是一点点。

下午的阳光，仿佛金黄色瀑布，"哗啦啦"奔泻而下，衙角里村顿时沐浴着明亮的黄色，温暖如一首老歌。在这一环紧扣一环、环环相扣的细节里，有着许多温暖和力量。好雨知时节，润物细无声，像精准扶贫这样大型的、多样的、充满生命关爱的活动，犹如细雨一般，慢慢渗透进乡村贫病人家的日常生活，一些曾经黯淡的柴米油盐、平常琐事也因此而满目生机，熠熠生辉。

吴威的车子慢慢驰离西山岛，眼见太湖二桥终于修好了一半。2017年国庆节，二桥通车当天，离开了十个月的吴威回村看看。站在村口等他的除了郑豪，身边还有来了半年的第二任第一书记杨建华。一时间三个青年男子相视而笑……

立春·东风解舞
遇见是一种缘

村里又来了第一书记

　　缘分天空下，人、物、山、水。万物遵循其内在规律，有序地生长或凋零。草木世界，山水天地，一个世纪的光阴，也只不过是匆匆的，如白驹过隙而已。

　　杨建华心说：衙甪里，遇见你是一种缘分。如果爱是刻骨铭心，那么，缘则是细水长流。

　　接替吴威继任衙甪里村第一书记职务的人是杨建华，也是国家电网苏州供电公司的一名管理人员，做过十多年党建、宣传、文化工作，从来没有接触过农村、农业等相关事务。这个"80后"阳光大男孩，对"缘分"二字不怎么相信。一直到丁酉年（2017）春节，大年初一早晨，杨建华开车带父母亲去西山岛大如意圣境祈福，"缘"此时化作一朵白云轻巧地挂在天边。杨建华

柯家村美丽乡村建设风貌

写道："大如意圣境至矣。景是胜景，境是圣境。父亲走进了如意门，母亲撞响了太平钟，一家人点燃了积福香，登上了66.99米的观音台，一眺太湖，旖旎风光尽收眼底。"回程路上，遇见一块石碑，上书"衙甪里"三个字，杨建华特意停车，告诉父母：这是我们单位的帮扶点，同事吴威在此做第一书记。母亲说，青山绿水嘛。父亲马上接口，金山银山啊。"缘白云"飘过，洒下一滴露水，杨建华突然心有所动。

作为供电公司派出的第二任第一书记，杨建华站在衙甪里村委会前，心里感慨万千：世间万事，总归一个"缘"字。

据说，公司对委派下乡的第一书记有三项标准：年轻、会开车、本地人，可与当地人沟通——因为至今好多苏州乡村老人不会说或者完全听不懂普通话。官方版第一书记的选拔标准有四个关：政治、品行、能力、廉政。而依照我们的观察，这两任第一书记都有一个更标准的模式，即责任心。责任心大于天，才能不忘初心，继而一往情深。

吴威握着杨建华的手，只说了两件事。一件是脱贫具体工作：合作社经营，路灯项目，农副产品销售，民宿管理，微商经营等。另一件事是改良传统茶叶。吴威的碎碎念里，透着许多不舍与操心。杨建华懂，他拍拍同事肩膀，没吱声。作为相知相识的电力人，此时语言纯属多余。

挑选第一书记人选，除了四关三标准之外，待选人还须有一定的文化素养。因为担任第一书记不仅是一种自我提升，更重要的是展示一种自信，一种文化自信。

这种文化不张扬，静悄悄，却在衙角里村得到充分体现与延伸。

一扇窗子敞开或关闭，一个灵魂消失或浮现。一些记忆陈旧了，但一个新时代正在开启，在衙角里村，依然能感受从前花的香气、水的声响、石的凝重、地之寂静、天之高远。

看看杨建华在衙角里村的时间节点和所作所为，你会明白一个人，一个精准扶贫的第一书记肩上的担子，他向往的愿景，他内心里的长亭短亭，他命运里某些令人惊诧的缘分……

2017 年春节，与父母亲去西山岛，偶遇衙角里村，下车伫立。

2017 年 3 月 17 日，到衙角里村报到，与吴威对接帮扶工作。

2017 年 3 月 20 日，成立"碧螺红茶"项目攻关组，组员三名：杨建华、郑豪、吴威。吴威其实只能算"半个人"，他已回到原单位工作。

2017 年 4 月 28 日，设立"碧螺红茶品质提升和品牌塑造"精准扶贫项目。

2017 年 5 月 9 日，对衙角里村党建工作创新性地想出"三提"：互通互学提党务，电力先行提经济，志愿服务提民生。

2017 年 5 月 26 日，完成"亮村计划"一期工程，二期开工建设。

　　　……

杨建华在"一记红"工作坊光伏发电项目现场

　　杨书记的忙，让他常常处于应接不暇的状态。那段时间，村民们看到的杨建华常常是这样的：眼睛布满血丝，声音沙哑；一成不变的是他手里的一沓材料、整洁衣服以及明净的眼镜。

　　但，这还远远不够。

　　此番任职之前，公司领导找杨建华谈心：衙甪里村整个扶贫工作初具规模，并逐渐走向成熟，这是吴威打下的良好基础。你此次去，除巩固已有的成绩，一定要寻找新契机，在"精准"二字上下功夫。

　　新契机，精准，下功夫。杨建华得令而去，当天晚上他一夜未眠，他在笔记本上涂涂画画，修修改改，拟想新方案。

第一书记学做茶

静夜不眠因酒渴，沉烟重拨索烹茶。

新时代的精准扶贫，"授之以鱼，不如授之以渔"。从绿水青山吴中风物中寻找突破口，研制具备高附加值的农产品，创建品牌、构建机制，充分整合农业、农村、农民资源，建立新型合作社发展模式。核心路径，就是要靠党建的力量，把所有人凝聚起来共同为脱贫创富的事业添砖加瓦；而这一突破口，就是碧螺红茶。

梅盛每称香雪海，茶尖争说碧螺春。

关于苏州的代名词现在越来越多，丝绸、评弹、园林、工业园、GDP 等，年年都有新花样，而唯有碧螺春无可替代，苏州人你有本事一天不喝茶试试？

来，见识一下长在天堂，不愁婚嫁，骄傲且自带仙气的碧螺春。碧螺春茶树长在太湖边，风吹、日晒、雨浇、雾笼，茶树一边有花树，茉莉、玳玳、白兰，香气宜人，娉娉婷婷；茶树另一边有果树，杨梅、枇杷、红橘，果香飘逸，逶逶迤迤。正宗碧螺春茶泡上来，先不喝，深吸一口，花香果香夹着逼人蜜香，直扑鼻子，茶不醉人人自醉。

苏州人的舌头春天基本派两个用场：一是喝碧螺春，一是吃腌笃鲜。碧螺春是天堂美景，腌笃鲜则是人间烟火，讲究实惠的苏州人以为，二者缺一不可。一年有两个节气也好像专门为碧螺春而生，一个春分，一个谷雨。碧螺春的金贵处是它须在每年春分前后开采，谷雨前后结束，而春分后谷雨前的一段时间，就是喝碧螺春茶最美妙的时刻！

碧螺春与第一书记似乎有着异曲同工之妙：绿色的，春天的，绵延的，蓬勃的……

七万个嫩芽才换来一斤碧螺春，所以碧螺春才有"工夫茶""心血茶"之称号。

走访茶农，踏遍茶园，要知道，半路出家的杨建华对茶叶一无所知，渴了喝水喝饮料，像模像样的所谓喝茶，也是与父母去朋友家，朋友郑重其事泡上好茶，父母频频点头说"赞货"，杨建华却是整个懵懂的，"赞货"哪里有饮料来得爽口？父亲说，建华你还没到喝茶的年纪。

做了第一书记后，杨建华略懂了些茶。如茶有五味：浓、淡、涩、苦、香。香是五姐妹中的"最高行政长官"。所有五味中，以香为主，而香又可分为清香、淡香、浓香和远香。

茶叶的制作与销售常常呈现一个乱象，一到清明前，苏州大街小巷，穿梭着一批肩挑手提的卖茶人，他们衣着朴素，一口本地土话，女的包头巾，男的黑脸膛，卖的全是东、西山名茶碧螺春，价格有高有低。奇怪，哪来那么多碧螺春茶叶？貌似比清明雨水还多？其实是假货居多。香味、工艺、口感那么差，好意思叫碧螺春？那为什么假货碧螺春也有毛茸茸白毫之腔势，卷曲如螺之姿态以及略略外溢的香味呢？这大概就是所谓的内行看门道，外行看热闹吧。

碧螺春茶，明前很贵，"吓煞人香"吓煞人贵，过了清明又很贱，一下跌到柴爿价佃，价格不高，人工贵。就是俗人口中的"大青叶子"。

制作茶叶竟有如此深奥的学问，水深至不可目测，杨建华感到心里沉甸甸的。郑豪说，在农村是这样的，农民小农经济思想作怪。你说再多话也没用，只有去做，做出成绩来他们才相信你，才会跟你走。

清明前夕，万物寂静且散发出光芒。

清明，反映的是自然物候现象，它用天上的初雷和地下蛰虫的复苏，预示春天回归。

杨建华有郑豪、吴威两兄弟助力，他既然敢想必定敢做，既然敢做必须朝成功进发，说什么都是多余，那就做吧。

饭要一口口吃，路要一步步走，村里墙上刷着很多红色标语，比起"禁止燃烧麦秸""国家鼓励生二胎"等标语，杨建华最喜欢"人都得吃饭，须有人种田"这一条。

盲人摸象，摸着石头过河，杨建华带领攻关小组，到处找会做茶的师傅。

省农科院的李荣林教授，此人平时木讷，话不多，常常一个人清晨沿茶树小路爬到山顶，看日出下壮观的万亩茶园，他指导杨建华他们做茶时，却显出真本事，依然话不多，但只言片语的含金量很高：如茶叶的香味甜味怎么出来的问题，他会发一篇长长的论文过来论证。

茶艺师尹向阳更是一个爱茶达人，她直接住到郑豪家里，现场指导攻关组如何做出高品质茶叶。尹老师坦言，她以前从来不喝本地红茶，她说除了品种单一、工艺简单之外，他们做出来的不是红茶，仍是绿茶。为什么呢？吃口有酸味，没完全发酵，制茶时空气不流通，所以茶味道是"馊"的。但听了三个年轻人的想法，她说"这件事可以玩的"。尹老师运用"倒退往回走"的工艺法，和攻关组夜以继日，几天晚上喝了不同批次做出来的十几种茶，又目睹郑豪父亲的土法制茶，终于摸清了西山传统工艺做茶的诸多问题所在。

攻关组慢慢摸到了门路，掌握了一些做茶小细节，比如，萎凋指标着实重要，关乎有无香气出来；茶叶捏紧后再放松，目的是查看它的弹性；茶叶根部对折一下，做好的茶叶才不会弯曲；刚放上匾的鲜茶叶，心里要有数，烘干之后它的失水率是多少。

杨建华和郑豪又跑到大、小贡山岛，东山几个村甚至宜兴等地考察，先做了一批统货，一芽一叶，又做了几斤独芽，算是试验吧。对这批茶，李老师和尹老师的评价是：许多批次不一样，不稳定；炒青做红茶，能泡个十开左右，可以了；略有香气，琥珀色，颜色不是太正。

拿着新做红茶，杨建华找了单位党委书记吕文杰，爱茶懂茶的吕书记说了几个金句，杨建华至今还记得。

你做红茶，莫怕。心里小目标要瞄准金骏眉。

好红茶吃口就一个字：顺。顺，是人与自然的融和。

在西山做红茶，目的是提升太湖流域茶的品质。

茶叶，茶叶，最后对应的就是叶子。

成功之前不要多声张，要低调、谦虚。

第一书记，你现在要规模化搞茶，公司全力支持你。

失败，失败，再失败，总会有成功的那一天。

"一记红"的故事

世间万事，总在不经意间藏了玄机。如意境里的一道涟漪，埋下了一粒种子，杨建华如是说。

如果说杨建华与衙甪里村有缘——他母亲说"你和衙甪里村有缘，菩萨先要见一见"。那么，茶叶与杨建华之间更像是恋人关系，不会相思，学了相思，学会相思，害了相思。

现在的他不仅对村里基本情况摸得一清二楚，提起茶叶更似半个专家，翻看他的朋友圈，几乎全是关于做茶的信息。

上：结对共建党组织书记考察茶园

下：杨建华与茶农查看碧螺春长势

詹勋华说，茶好像一个碑帖，要常常临，才知道它的气理和底蕴在哪里。气蕴到底在哪里呢？就在一天一天的喝茶里，就在一日一日的"临帖"中。其实，做任何事，都要"常常临"，无一天放松，才能成就事业。

喝到好的茶，就好像临到了高古的帖。

气韵生动，气象万千。茶香溢出，眼睛湿润。

像杨建华这样的年轻人，眼望得远，腿站得稳，肩挑得重，心放得正。他们知道，温度、环境、土壤对于做茶十分重要，天时、地利、人和三者不可或缺，所以从采茶第一天开始，杨建华就泡在山上，盯着茶树；做茶时，又没日没夜地泡在工作室，好些日没回苏州的家。乡村夜晚安静又美好，攻关组打地铺睡在工作室，讨论茶叶品相，揉捻，萎凋，破壁，青汁气。要是撑不住，就合衣而卧。

郑豪的父母干脆做好饭菜，送到"第一书记工作室"，看着他吃。村里人都说第一书记和郑豪长得相像。

天上一颗星，地上一个人。更多时候，是劳碌的白天和漫长的黑夜……年轻的梦，梦里全是铺天盖地的好茶叶，香气袭人。

城里人一直说，东山人怎么样怎么样，感觉上比西山人高一个档次似的。因为交通便利，东山经济一直走在西山前面，西山人为此心里不服气且暗暗较劲。杨建华是局外人，他认为西山人的观念要"别一别"。比如，同样做茶，东山人很早买了烘烤箱，茶叶烘烤之后，虽说缩水多，但其香味可一直保存到来年春节；西山人观念落后，采下茶叶直接放进锅子里炒，这样炒出来的茶叶不论是碧螺春还是炒青，都不宜保存太久。

绿茶不宜保存，周期短，且西山岛人只做春茶，实际上采完春茶的茶树枝上仍然有大量叶子，碧绿生青，没有其他用处，兀自生长、凋零，让人看着心疼。也是观念所致，当地人认为春茶最金贵，夏茶香味不够，秋茶根本没人去做。

心里想着"精准"二字，攻关组决心尝试做一做春、夏、秋三季红茶，只要攻克采撷周期、修剪、打虫、农药残留周期等问题，这个想法就可行。

说干就干，依然是省农科院的技术支持，依然是供电公司从物质到精神的鼎力相助，依然是已成为朋友的各路茶艺高手相帮，依然是三人攻关小组，终于在2018年初研制出了高品质红茶。

郑豪的激动与众不同，直接挂在脸上，也不掩饰。南方有嘉木，西山一记红。西山终于有高品质红茶可与东山"别一别苗头"了。

感恩苏州供电"一网情深",感叹第一书记们"牢记使命",感谢凝聚智慧辛劳那"一抹红",源于此,这款红茶被命名为"一记红"。

"一记红"是第一书记研制开发的红茶,它的故事特别曲折动人。

"一记红"是吴方言"一记头就红哉"的意思。

"一记红"是一记冲天的好口彩。

"一记红",冥冥之中似象征被俞曲园盛赞的"一代廉吏"暴式昭清正、勤俭、廉洁、高贵的品质。

"一记红",它是苏州人自己的茶,应时令而生,妥妥的"苏帮茶"。

"一记红"特色:没有添加剂,没有农药,绿色环保,吃着放心、定心、窝心。

"一记红"绝对不做假茶,它一定是西山茶,有花香果香和蜜香。

"一记红"与金骏眉略有相似之处,它有这个底子,茶艺专家说。

"一记红"碧螺红茶,它比碧螺春绿茶来得宽泛,既是明前碧螺之春茶,也是碧螺夏茶和秋茶。

"一记红",它还是杨建华内心的小秘密:"一记红"三个字拼音首字母与"杨建华"三字拼音首字母竟然一模一样！杨建华说，既然大家都叫"YJH"，没有理由不尽心尽力。

我们又看见那朵蹊跷的名叫"缘分"的白云，它挂在夏雨之后的衙角里村村口，就像元稹在《寄隐客》中所描写的甪里先生周术："潜书周隐士，白云今有朝。"

此时的杨建华早就懂得碧螺春茶叶的真正面目：身披绒衣，银绿隐翠，入口鲜醇，甘鲜芬芳。

杨建华来衙角里村前，从不玩微信。但现在他微信朋友圈上全是关于村里的各种信息，茶叶、枇杷、杨梅、草鸡、枇杷膏、蜂蜜，他为"一记红"代言，他为衙角里村点赞。

一个西方作家说："二十年来无饭不佐以茶，以之消磨午后，以之慰藉夜深，以之欢迎早晨。"

杨建华制作另一款红茶"小青柑"的故事像是一部网红连续剧；在制茶过程中，发生在郑豪与其父亲身上的故事则更像一部悬疑剧。

人生如戏，在如戏的人生舞台上，杨建华和郑豪即将带给我们怎样的惊喜？

夏至·杨梅初红
制茶的苦与乐

幸福是靠奋斗出来的

困难都敌不过热爱，浮躁也敌不过内心深处与生俱来的安静。因为有热爱做引子，因为有安静做底子，这样的画面里有风月，有诗意，更有禅意深深；有初始，有永恒，更有人类所有最美好的特质：善良、宽容、孝敬、忍让、和谐。

不知不觉，忙忙碌碌的杨建华已经在衙甪里村经过了一轮春夏秋冬四季流转，精准扶贫也有了显著成果。基层党组织变强了，群众的凝聚力壮大了；村民们通过电力基础设施建设、集体经济组织收获的实际成果不断发展壮大，对于党组织的信任和支持也就更加坚定。这一切借由"一记红"项目的领跑而益发凸现出来。

让杨建华感到欣喜的是村里大部分人随了"份子"

在"一记红"碧螺红茶研制工作室。他们说:"杨书记你大胆干吧,我们相信你。"

从不相信到冷言冷语再到集体随份子,这个过程既漫长又充满奇迹,正如郑豪说的那样,在农村,你只管做,成功了他们自然会跟你走。乡言乡语,纯朴敦厚,这倒让杨建华想到四个字:不忘初心。

不忘初心,说说容易。现在不少人不管做什么,开头都蛮老实,做着做着做大啦,做大之后常常会忘了初心。你的初心里藏着你的真实与诚信。这初心正如农业里的播种与耕耘,一切都是实实在在的。"种瓜得瓜,种豆得豆",种下的茶树便一定要收获满山坡的茶香。

夏至,杨梅红透了半个衙角里村,夏天,生长季,有多少东西在暗暗生长,结实,挂果。夏至已经很热,天蓝,风暖,只要到山上转一圈,看看茶树叶子有没有病虫害,杨建华的后背就已全部湿透。在乡村,劳作之后出一身大汗,是一件多么酣畅淋漓的事!

春、夏、秋三季,茶树生长着、变化着,虽说节奏缓慢,但却气势恢宏,浪漫至极。杨建华喜欢这种漫山遍野、无阻无挡、活泼的生长力量,百看不厌。这自然的力量、天然的美好,往往能够激发人们对信仰的坚定与理想的执着。自然之力与信仰之力,在终极意义上是相通的。

2018年3月，苏州电视台来衙甪里村拍第一书记精准扶贫的短片，我们才有幸看到杨建华书记的一天如何度过。

7：30，从居住地苏州沧浪新城出发，驱车50公里，到达西山岛衙甪里村"一记红"研制基地；

8：30，穿戴白衣、白帽、口罩，进入"一记红"包装车间，查看包装、成品及发货状态；

9：30，与张新庆副镇长一起到金庭镇查看强电入地改造现场；

10：30，来到衙甪里村低保户李奶奶家，回访线路改造、安装节能灯开关后的情况；

13：30，在村委会会议室，与马主任及几个村干部，讨论近期村务工作。杨建华顺便谈到自己的三点帮扶体会：组织强是核心，纪律强是保证，创新强是关键；

14：30，走访茶园，这次上山主要看茶叶质量，春分前，茶树每天要看上两到三遍，不能出差错；

杨建华走访低保困难村民

17：00，再次回到"一记红"研制基地，从茶叶现场的实践中来，再回到茶叶制作的实践中去；

18：30，衙甪里村的路灯亮了，200盏路灯齐放光明，凝集着吴威和杨建华两任第一书记的无数心血；

19：00，回程。车子行驶在缥缈峰公路，黑暗里的西山岛神秘又安静，杨书记心里一片湖清山青，茶绿花红。

20：00，到家。明天7：30准时出发，又要去衙甪里村。

片子最后，杨建华流泪了，泪水中既有成功，也有喜悦，更有不舍。他真心流露，对衙甪里村的一往情深，是装不出来的。

……

道路是铺陈，桥梁则是飞跃；人心似树叶，温馨、有针对性的服务是吹动树叶让其欢快舞蹈的阵阵好风。服务无处不在，温馨时时都有。

化腐朽为神奇

"一记红"茶叶的研制成功，外面反响很大，杨建华反而显得很冷静，他一人独处时，常常扪心自问：如果从头来过，会不会将做红茶作为精准扶贫项目？答案是肯定的。这就要从西山岛本身的自然条件说起，西山无工业，更好的是吴中区金庭镇政府有一个共识：即便再穷再落后也不能破坏环境，这是死命令。西山土壤、空气、水资源相对优秀，种植方式也原始：有机，露天，健康，环保。

杨建华把所取得的成绩归功于他时刻记得念好精准扶贫"三字经"：抓党建，促经济，惠民生。

那么多往事，那么多日夜，那么多汗水，以及那么多美好，一下子涌到杨建华眼前。白露、寒露、霜降三个节气表面上反映水汽凝结、凝华现象，实际上却是说明气温逐渐下降的过程和程度。

大自然对人类总是温柔以待，它不说话，它用二十四个节气制造空旷或饱满，平和与跌宕。

壹

南方有嘉木
西山一记红

上：杨建华带客人参观"一记红"研制基地

中：制茶中的郑豪

下："噙红吟香"茶室

明亮的光线渐渐褪尽，黄昏缓缓降临，如期而至。衙甪里村像所有江南农村一样，显现其秀丽与妩媚：道路、田埂、房舍、庄稼、奔跑的孩子、跳跃的牲畜、天空颜色、大地气味、人的呼吸……杨建华最喜欢黄昏。

黄昏时，庄稼时而明亮时而灰暗，暗暗生长着，一派祥和，太湖水在近处散发着耀眼蓝色，杨建华喜欢在村里随意走走、看看，遇到熟人聊几句，村庄就是熟人的世界嘛。走着走着，杨建华发现一个奇怪现象：村里的橘子树很多，但却基本无人管理，任其自生自灭，杨建华还记得年前东、西山橘子丰收，却只能贱卖，一分钱一斤也没人要，喂猪连猪也不吃。几年过去了，情况难道至今都没有改变吗？

带着好奇心，更是被责任感驱使，杨建华细问村民，原来当地橘树成熟较晚，错失了上市最佳时间；现在水果品种又多，橘子早已不是当年的水果皇后；再加上经济效益较低，一斤橘子能卖几个钱？村民们宁愿将大量精力和更多时间放在茶树、枇杷、杨梅等果树管理上。

村民们也表示，橘子当然是蛮好的果子，年年长，年年有收成，所以不舍得砍掉，且都是老果树了，有的树从曾爷爷、爷爷手上传下来，有感情的。

　　原来是这样啊。杨建华需要好好想想，这种廉价橘子跟他的扶贫项目能不能搭上关系？一连几天，杨建华不得好睡，梦里梦外全是挂在枝头无人采摘的橘子，仿佛一个个无声问号；村民无奈的眼神则像省略号，欲说还休。

　　灵光一闪，杨建华想到重点扶贫项目碧螺红茶品质有待提升，于是萌发了研制衙甪里村地产"小青柑"的想法。

　　制茶关键，是要天时、地利、人和，三者缺一不可。制茶，犹如天机，有时真不可泄密。在似与不似，真与不真，像与不像之间。其中最难掌握的就是那个"度"。所以茶圣陆羽才会认为，茶的最高境界是沟通天、地、人三者关系。

　　攻关小组先向村民收购了500只青橘子，自然风干、陈化，再将制作到九成熟的碧螺红茶填充在小柑果内，两者结合，继续发酵，陈化，其目的是让茶叶里有柑橘的清香，而柑橘内更有茶叶的甜香，鲜果慢慢收紧慢慢缩水，正好包裹住茶叶本身的香气，你中有我，我中有你，你我相连，再也分不出彼此，这是红茶与柑橘之间的旷世爱情。

　　为了茶叶和柑橘辉煌的"爱情"，杨建华、郑豪好几个晚上没有回家了，杨建华妻子倒是通情达理，她说自从你做第一书记那天起，我就准备好支持你了。这股功夫和劲头，村民们统统看在眼里，记在心里。啥叫精准扶贫？人家城里娃，不拿村里一草一木，自己管饭，不分昼夜研制新产品，还不是为了村里的经济效益，为了增加村民收入吗？

村里茶农的变化是显著的、飞跃式的，不加掩饰。刚搞茶叶基地时，他们不相信，冷言冷语说城里年轻人来做茶？用机器做茶？几千年都没听说过！鸡毛还能上天？

杨建华笑眯眯地请本地茶农到"一记红"茶叶基地参观，嗳，穿上白衣戴上白帽再戴口罩，为什么？卫生杀菌。嗳，这是发酵车间，密封的不透气。嗳，这是揉捻，全部是机器做，怎么说？机器会计算，它心中有数。嗳，这道工艺叫萎凋，茶叶里大部分水汽靠它锁住。嗳，这就是"一记红"碧螺红茶成品车间了，包装盒专门找人设计的，产品再好也离不开精美包装。

实际上，一盒真正的茶叶成品要经过选树、采叶、萎凋、揉捻、发酵、烘焙、提香、检测、包装这九道工艺才能完成。给村民做介绍时，杨建华挑选的其中几道演示工艺，正是村民常常忽略的重要制茶工艺，他从一片片刚采摘的鲜茶树叶讲起，一直到成品盒里的精致茶叶，口若悬河，滔滔不绝。郑豪跑进跑出，招呼一批又一批乡亲进来参观，并当场冲泡刚刚做的茶叶，事实胜于雄辩。

茶农们心服口服，郑豪父亲也在里面，他说："豪豪小赤佬神气什么？做茶的事都是我教会你的。"

年轻人哈哈大笑，因为郑豪为做茶的事与父亲斗智斗勇，半个村的人都知道此事。郑豪曾经说过：让老百姓理解科学，蛮难。科学的东西，你跟他们讲不清楚，只有做，认准一个方向死做，所有结果全靠你做出来。

杨建华太明白这个道理了。"一记红"精准扶贫项目就是一个让村民从怀疑到犹豫再到嚷嚷着要跟着他们一起做的艰难过程。

现在，"小青柑"也有了它的名字——"一记红"角里青红茶。

"小青柑"的可贵之处在于，用本地碧螺红茶，配合本地滞销的柑橘，制成香气四溢且有药用价值的"角里青红茶"，所以，当地橘农直接用西山土话亲切地称之为"小心肝"。

"小心肝"的药用价值是能够改善人们的慢性咽炎、感冒鼻塞、肝气郁结、消化不良等症状。杨建华认为，因为解决了橘农青柑滞销的问题，"第一书记碧螺红茶"的名气才渐渐在村民口中传开来。

白色的、直立的茶杯里丢进一颗热情的"小青柑"，茶水慢慢变得深浓、醇厚，凝集了整个季节的柑橘香气细细透出来，深吸一口，茶香、橘香齐齐扑入鼻间。有人说，不说喝茶，光看这款有故事的茶叶缓缓在杯中绽放，就是一桩幸福的事。

如果你不着急，把"小青柑"红茶放上三四个月，觉得青橘里快要透出暗红了，再泡茶，口感会更佳。尹向阳对"小青柑"也是青睐有加。她说过，一款茶不要做得太香，走极端或剑走偏锋，那种东西往往不长久。尹老师的手泡"小青柑"方法较为实用和专业，见她微信："夏日炎炎，来颗小青柑。冲泡方法：水冲小青柑的皮，不直接冲到茶，这样的泡茶，开始茶汤会很清亮而且较柔较淡，香气比较清新自然，等能完全浸泡，茶汤慢慢加浓，滋味也醇厚起来。如果想喝浓郁一点的就对着茶叶冲水……"

茶有茶道，闻香识人

茶讲究一个"和"字，突出一个"顺"字，四平八稳、暗香浮动才是好茶叶的真品质。

做人又何尝不是如此？你把一款茶做和顺了，你的人格也完满了，这是杨建华从制茶中悟出的朴素道理。郑豪的文字再次说出三个年轻人的感受："艺的形式里，深藏着道。将一件事做到极致即是求道的过程，而制茶正是给了我一次修行的机会。"

"道可道，非常道。"

衙用里村，因为第一书记，每天都有一点点变化。

杨建华做茶渐渐上瘾，简直到了无茶不欢的程度。他说，再给他三年时间，他就能够摸清红茶、绿茶、花茶的基本路数了。家里更是成了他的试验地，给父亲喝绿茶，母亲喝红茶，妻子喝花茶，反正都是他亲力亲为亲手做的茶，饱含着浓浓的爱意，他的亲人们哪有不爱喝的道理？

杨建华有时会在单位里碰到吴威，二人站着聊几句，

"小青柑"

每一句聊的都是衙甪里村，小青橘子挂在枝头蛮像样啦？快做秋茶了吧，又要忙了？郑豪去金庭镇政府报到了吗？聊不完的衙甪里，聊不完的精准扶贫。吴威憨憨地说："离开村里，我一时不习惯了。"

杨建华的任职期快要到了，要做的事还有好多，他暂时还不能体会吴威的"不习惯"，目前他的焦虑大过了"不习惯"。

2017年10月，推出"小青柑"红茶产品。

2017年11月，约600平方米的"一记红"项目生产基地建设完成，预计一年能生产红茶5000斤，产值可达300万元，将为村里再增加一项稳定收入。

除了2018年精准扶贫项目"一记红"的生产、销售和产品包装直到宣传、推广、上市，杨建华还有一项党建帮扶工作要做，党建强则事业强，他在村里的党建帮扶工作已经从"抓党建，促发展，惠民生"的输血功能向造血功能转换。

在衙甪里村，难得空闲，读一读本土作家许晨的文字，对杨建华来说，是一种特殊修行："这年头的渡桥松垮垮趴在郑泾港上，是何等的静啊！静得人心往下掉，只泛起记忆的沉渣，是民间艺人的台词，是行商走贩的呍喝，盛开到不能再盛开，终于止了声息，激荡到最极处，便是回归静止。"文字里倒映着杨建华的内心世界，宁静又安谧，呼吸、冥想、思考，他仿佛进入另一个世界。

"一记红"，这甜蜜的好茶水熨贴至灵魂。衙甪里，远山近水，天高云淡，天地合一，其乐融融。太湖边，一股香气飘逸、荡漾，来来回回。吴威或杨建华或郑豪在洁净茶盅里一一倒上茶水，远道而来的朋友们却舍不得喝，先看一会儿，静静心，等待香气袅袅升上来；仍然不喝，望眼欲穿了，直到望见茶盅底面倒映出一棵硕大茶树，朋友们才依依不舍地一饮而尽。

香气扑鼻，洇红一片。朋友们抹一抹嘴边香气说：好茶！

是日，天朗气清，惠风和畅。好山，洞庭西山；好水，太湖绿水；好茶，"一记红"碧螺红茶或甪里青红茶。空山，新雨，鸟鸣，青苔，落叶，水痕。

闻一闻，茶香里有花有果有甜蜜的梦，梦痕处处，处处禅意。

054
055

小满·田畴青秀
新丰桥上回望

制茶记事二三件

如果，大自然的秩序是由一杯茶安顿好的，这个秋天将意味深长。

走过的人说树枝低了，走过的人说树枝在生长。

天落水，水生根。陆羽说："贮于瓶缶之中，以汤沃焉，谓之庵茶。"

水月坞，陆羽，暴式昭。因为茶，让人们想到了很久以前的事。这样的事，可不可以叫作茶事呢？想来是可以的。

与茶有关的事都是茶事。人的一生要遇到多少茶事，因为茶，茶事会越来越有趣，这是生命的造化。

《岕茶笺》里谈到了"茶宜"："无事，佳客，幽坐，吟咏，挥翰，倘佯，睡起，宿醒，清供，精舍，会

衙角里村的新丰桥

心"。朝花夕拾，说的是清晨的花晚上拾起。而鲁迅赋予其新的内涵是从影像中抄出来。

"大学生村官"郑豪天性里有点耿直，有点一旦认定便不撞南墙不回头的劲儿，他是本村人，有一个淳朴倔强的父亲，父亲是他的骄傲，"我的祖辈父辈在蚌壳里蒙尘，却不曾想过自己就是一颗明珠"。平时他与父亲相安无事，家里一有什么重要事情，那绝对是父亲做主，郑豪只有听的份。做茶也是如此，郑父做茶已有二十多年时间，论经验、论资格、论苦劳都没有儿子说话的权利，再说，郑父做茶所得，供一家人吃用开销，供郑豪上大学、结婚、生子，家里的哪一项开支都离不开一个"茶"字，明前碧螺春茶，那是比肉还要贵多少倍的价格。因为绿茶不宜保存，郑父决定做红茶，慢慢做，慢慢存放，再慢慢卖出去。

郑豪说，家里做红茶，这回必须听他的。理由是他跟着农业专家、茶叶专家们学了很多科学制茶知识，他要和第一书记用家里的四亩茶园做实验。

杨建华负责理论一块，吴威不经常来，搭把手值个班什么的归他了。因为在自己家里，郑豪是主角。第一步，他们花 500 元做了一个约四平方米的发酵房，吊在屋檐下；两条长板凳上放几张竹匾，用纱布罩好；再用几只"热得快"加热；郑豪还把给女儿泡奶的针式温度计拿来测温；外面罩上一张大大的塑料浴帘，想到要供应氧气，就把塑料浴帘稍稍撕开一道小缝。

攻关组土法上马，颇为得意，居然包含了萎凋、揉捻、发酵、烘焙这些工艺流程。郑豪是骄傲的，他对父亲说："你用8个师傅，做单芽绿茶，一天才做18斤；我一个人一天做红茶就做了20多斤。"正好那一天第一书记有事不在，郑豪父亲无话可说。其实，量归量，质归质，他们做好第一批次茶叶时，心里没数，七上八下的全是吊桶。那时还没认识茶艺师尹向阳，郑豪他们揣着茶叶去约会网上一个禅修大姐，据说那人是懂茶达人。

乌黑黑的夜晚，在南门沃尔玛附近，郑豪怀揣法宝，等待神秘人现身。一夜无果。

后来，不知谁介绍了尹向阳，三人一踏进"向阳茶院"，就感觉找到了组织，茶水悠悠，高人就在其间。尹老师依然用"倒退往回走"的工艺法评测每一款每一批次茶叶的优劣。她笑说："你们原理上是对的，相对封闭的空间，有温度有湿度。"但也提出了问题所在，比如，茶叶的叶子大小不够匀称，有一股浓郁的青汁气，发酵稍稍过度，感觉不是在一个正规的地方做出来的。

因为绿茶的保存问题，全国都在"绿改红"了，而做红茶则需要大量的绿茶作底料，接下来，杨建华要为收购大青叶子忙乎了。

这又涉及村民做茶叶的传统观念，他的担忧被无端放大好几倍。第一书记需要为此搏一搏。

杨建华的想法是做"一记红"碧螺红茶必须要做春茶、夏茶和秋茶，才能不同凡响，与众不同，从而达到精准帮扶的显著效果。当地人的观念是一茶一季，老规矩老传统，一树茶叶长得再多再旺盛也只能采撷春天一季，所谓"明前是宝，明后是草"，就是说清明前的茶叶特别金贵且价格高昂，清明后就随便瞎卖卖啦。

当地人认为，春茶之后，再去采什么夏茶秋茶，那是一种伤害，会直接影响到明年春茶的质量和产量。因为有省农科院支持，有李教授100多篇论文探讨，攻关组通过控制、管理、咨询等一系列科学方法，不但采了大量夏茶和秋茶，而且发现到第二年春季，茶树非但没有受到影响，茶树发芽时间反而提早了，芽头也更多。

传统认为，绿茶最佳采摘期是三月、四月，再往后口感会不好。结合省农科院的一套科学管理方法和制茶

"一记红"研制基地外景

工艺，杨建华的红茶采摘周期可以一直持续到八月份。

科学技术，才是第一生产力。

尹向阳有一句名言，她说做茶叶是一种非物质。既然是非物质，那应该含有精神层面的东西在里面。精神层面虽看不见摸不着，但人生除了吃饭睡觉赚钱，剩下的统统属于精神层面，是说不清、道不明，却又是实实在在存在的。

精准扶贫是精神层面的另一种表达形式吧，尹老师说，学茶，可以影响一个人的一生。杨建华记下了。

这是第一书记的勇气，更是胆识，深层次里却是文化与智慧的积累，以及受党教育多年养成的严于律己的精神和无私品格。

村民们的日常生活，既有柴米油盐，也有风花雪月。第一书记对于衙甪里村的热爱，不仅表现在他热衷的制茶方面，尽管在这项 2017 年的精准扶贫项目中，公司投入很多，但占地 600 多平方米，按照 SC 认证布局要求，结合茶文化旅游和推广需求设计和建设的"一记红"生产建设基地，里面设备完整，人员整齐，卫生到位，应有尽有，所有指标统统达标，妥妥的一座制茶大工厂。

衙甪里的路灯亮了

奥维尔说："有些美好的东西是我看见的，有些美好的东西是在那里为我准备的。"

有篇文章《第一书记的帮扶答卷》，写的正是吴威。吴威说，办法总比困难多，说他到村里之后给当地农民进行果蔬、花木的技术帮助，帮助村民来致富；说他引进精品农家乐如虚舍、吾乡山舍等，帮助销售当地的农副产品；说要勇担责任解难题；说他的"亮村计划"。

作为村里的惠民实事工程，"亮村计划"是两任第一书记的心头大事。

起因是当时吴威走访农户，来到了李奶奶家。李老太告诉吴威，她小孙子昨晚掉到河里，吓得发高烧了。想到前天村书记也说晚上黑灯瞎火，村里每年都有人晚上掉进水里。

用电点亮万家灯火，人民电业为人民。

衙甪里"亮村计划"付诸实施。在 2016—2018 年近三年精准帮扶工作中，吴威、杨建华两任第一书记把"亮村计划"作为一项重要民生工程，实施一期 2 公里的主路工程和二期覆盖 5 个自然村村内小路的路灯建设工程，惠及衙甪里村一千多户村民。

2018 年，祭灶神、过小年那天，衙甪里村的 200 盏节能路灯齐刷刷地亮了。如果这天晚上你来到衙甪里村，远远就能看见一串串夜明珠镶嵌在阡陌村巷，没错，那天正是村里的盛大节日：亮灯！

第一书记夹在村民堆里，享受着幸福时光。有了路灯，村民像城里人一样有了夜生活，老人们互相串门，说话，谈笑；年轻人沿着亮堂堂的乡村小路谈起恋爱；最开心的是孩子们，蹦蹦跳跳，唱歌奔跑，再也不用担心掉进河里；爱碎碎念的郑老太平时傍晚五点半准时上床，这会儿却挂着拐杖，走东家闯西家地关照邻居小心火烛；视力有障碍的村民王社明喜极而泣，第一书记不仅帮他家新装节能灯，现在又有了路灯，晚上他也能慢慢摸出门，看热闹去了。

因为电，因为光，因为党的政策，因为第一书记，衙甪里村民的生活跃上了一个新台阶。夜色苍茫，树见花开。村子里路灯亮起来的瞬间，第一书记们心里既疼痛又妥帖：疼痛是因为在城里路灯算个什么事。妥帖是因为他们这个第一书记终于为村民办了一件大实事。实实在在的亮，实实在在的暖——党的亮堂，党的温暖。

新丰桥上的回望

杨建华一直在心里把吴威这个村里首任第一书记当作自己人生的楷模和领头大哥，吴威也的确有很多地方值得被崇拜，如他率先规划、设计并建设了"新丰现代农业园"。吴威在农业园倾注了大量心血，以至于杨建华也莫名地喜欢到现代农业园去，站在清代建筑新丰桥上，眺望太湖，心胸顿时浩荡，连了广宇。

新丰农业园已颇具规模，并真正符合绿色的含义：自然、环保、节俭和健康。

新丰现代农业园每天供应国网苏州供电公司食堂的蔬菜品种有5—8种，日均送菜量在1000斤左右。2018年1—8月合计供应各类果蔬品种60多种，重量约为20万斤。1—8月供应其他单位的果蔬总重量约11万斤。

漫步现代农业园，呼吸清新空气，胜似闲庭；漫步现代农业园，感受环保成果，心悦诚服；漫步现代农业园，节俭之风吹拂，心存感恩；漫步现代农业园，健康心态时时绽放，乐在其中。

在衙角里村，第一书记待的地方基本上就那么几处，要么"一记红"制茶基地，要么村委会，要么困难群众家里，要么新丰现代农业园，要么直接是山上茶园。杨

064
065

一记红

国网苏州供电公司

精准扶贫纪实

壹

南方有嘉木

西山一记红

上：新丰现代农业园

下：衙甪里的主路亮起了两公里的路灯

建华莫名喜欢新丰桥，不仅因为它年代久远，更因为这里离太湖最近，前山后湖，空气洁净，站在新丰桥上有一种深远的历史感，多少往事从眼前沉沉过去，又将有多少新鲜事会在这里展开？茶园也是他所爱，铺天盖地的绿色能把人淹没似的，茶树默默吗？她们在嬉笑、打闹、追逐、奔跑，小公主般飞扬起她们墨绿色的长裙，她们给了第一书记虽说短暂却无限美好的光阴，光阴里的青春，青春的飞扬，飞扬的人生，人生的辽阔，辽阔的时光，长长短短，深深浅浅。

时光在指缝间慢慢流逝，时间，爱流就让它流去吧，有什么关系？昨天已经过去，明天很神秘，而今天是我们拥有的最好礼物。

往前看是成果和辉煌，往后看是愿景和蓝图，而在第一书记心里最笃定的是他们在衙甪里村所做的事情，一桩桩、一件件，记在笔记本上，记在村民口碑里，记在所有知道他们名字的人心里。村民们喜欢叫第一书记"伲格文化人"，有道理。

场景一：吴威走访农家乐，排查线路，宣传用电安全。走到虚舍，老板熟门熟路地把吴书记拉进去，也不客气，直接咨询十几台空调线路的安装和调试问题。电力人吴威没有怕的，"三下五除二"，即大功告成。

场景二：杨建华和马主任去看望95岁高龄的军烈属金雪珍好婆，一番嘘寒问暖，杨建华细心地询问金好婆的血压、血糖、血脂等指标，心里松了口气：金好婆放心，你身体一切正常。从生活情况到身体状况，甚至家里开门七件事柴米油盐酱醋茶，杨书记都要问一遍。金好婆大白天开着灯，屋子里透亮透亮的。马主任问好婆你做啥大白天开盏火？金好婆说，杨书记对我好，我要开灯看看清楚他。

场景三：吴威、杨建华及金庭镇副镇长坐在村委会商量事情：美丽乡村建设了解下？一是电力通岛，小区红线怎么规划才能给政府省钱？二是整个村里民宿的五十几台空调用电如何分配？三是村里用电到底一年有多少？供电公司愿意承包其中的一大部分电力；四是为改变镇区面貌，高压电线杆全部埋入地下，供电公司为此项目投资8000多万元。

场景四：郑豪去金庭镇里任职，双休日他回家，先不去父母家，第一时间跑到"一记红"生产基地，他有太多信息要与杨书记分享。

场景五：尹向阳来到衙角里村，家家户户端出自家做的茶叶，拎着热水瓶、茶杯，一定要请尹老师品尝且评价一下。

场景六：新丰现代农业园，正是秋天瓜果丰收季，十几部卡车整装待发，车上装满各类水果，声势雄伟，浩浩荡荡。

……

　　过尽东园桃与李，

　　过尽春花和秋叶；

　　过尽长亭人更远，

　　过尽千帆皆不是。

乡村，让生活更美好；文化，让乡村充满意义。万物有灵且美，"文化"者，实际乃是马克思语意中的"人化"，世间万物，莫不与时俱进。

时光看不见，又分明看得见，经过漫长又漫长的等待，艰苦创业和劳动的西山衙角里村，是到了让人知道它的时候了！

是时候了，石头要开花了，心儿跳得不宁了。

是时候了，"一记红"冲天而起，梦想成真，是时间成为时间的时候了。

茶是中国人的国饮，"柴米油盐酱醋茶"，茶是老百姓开门七件事之一；"琴棋书画诗酒茶"，茶也是文人雅士诗意生活中须臾不离的雅物。茶的个性中所体现出的特点是平淡、冲和、滋润、舒展，其实更象征一种生活态度，就如同中国人讲究的"廉""美""和""敬"的四德。走进茶馆，也就如同走进了中国文化的长廊。

杨建华恰巧做了第一书记，恰巧去了西山衙甪里村，恰巧开发研制了"一记红"碧螺红茶，也没有什么特别的寓意。"缘分"二字也只是一说。但是，天青色等烟雨，竟然如此深藏不露，仿佛一个人潜在的美好品质。

随缘见缘，随喜见喜。

杨建华内心里对于制茶一直怀有谦卑之心，"博学之，审问之，慎思之，明辨之，笃行之"。

如果，大自然的秩序是由一杯茶安顿好的，那么，这个秋天注定意味深长。没有十全十美的茶，也没有十全十美的冲泡技术，所以每一泡茶都有其优缺点。

喝到好茶你就多坐一会儿，因为值得。

大雪·鹖鸟不鸣
缘有源境无尽

有一点文艺范儿

"须弥芥子父，芥子须弥爷。山水坦然平，敲冰来煮茶"，第一书记杨建华的文艺情怀有时会在紧张的工作之余，像雨后春笋般冒出来，陶冶情操，调剂心情。查看他的微信朋友圈，除了关于"一记红"茶叶的吆喝、推广和销售信息，还有一些诗句，蛮有文艺腔调。摘录看看：

2017 年 6 月 10 日：

纤手摘得云腴叶，

巧制碧螺一记红。

煮来一壶琥珀色，

分去三杯同道人。

2017 年 12 月 22 日：

晨发石湖畔，五十里车行。

一路缘西向，飞鸟与浮云。

遥望有灵岩，塔与山相近。

转而入坦途，孙子演武地。

忽然洞中驰，渔洋山腹新。

双桥入太湖，折波荡湖心。

盘盘环岛路，急急到甪里。

三百六十日，朝朝复日今。

2018 年 3 月 10 日：

精准扶贫项目"一记红"碧螺红茶，开门红啦！

极品单芽，金边松肥，蜜香回甘，

好山好水好茶好人，欢迎您……

2018 年 8 月 19 日：

今天是到村的第"520"日。

山水无言，总关人情。

世间万万，缘有源，境无尽。

才情者，人心之山水；山水者，天地之才情。

西山岛

精准扶贫是怎样炼成的

看过第一书记的微信再来看一组数据。看看"一记红"带来的三重效应：经济效应、品牌效应和带动效应。

经济效应。2018年3月15日到4月25日，收购衙甪里茶农青叶一万余斤，价值90余万元。雇佣村人人工费用近20万元，直接惠及衙甪里村民，村集体收入茶叶设备租金7万元，村劳务合作社茶叶代加工利润10万元。

不要小看衙甪里村，村民说他们每年的第一季收入是茶叶，村里老老少少都会采茶。"一记红"碧螺红茶生产基地里，所有茶叶都是本村提供。单单2018年"一记红"青叶收购，平均每户收入超千元。

品牌效应。一是"一记红"碧螺红茶经济价值大幅提升。2017年10月，"一记红"碧螺红茶品牌开始注册，2018年1月获国家商标局正式受理。同月"一记红"生产基地获得SC认证，3月正式投产，"一记红"成为首家碧螺红茶品牌，实现了与碧螺绿茶的同期同价销售（2018年明前茶对外销售1000—1500元，单芽2000元以上），极大提升了红茶价值。

二是"一记红"碧螺红茶知名度大幅提高。在"一记红"精准扶贫项目推动下，《中国电力报》《国家电网报》《新华日报》《苏州杂志》等都做了专访报道；

市区"党建公众号"刊发专题；苏州电视台一套"苏州新闻"4月4日对此进行专题报道，碧螺红茶知名度在全市范围内迅速提高。

三是"一记红"碧螺红茶销售渠道大为拓展。今年"一记红"茶叶初次试产2000余斤，一个月时间销售近三分之二。在行业推广下，京、沪、江、浙等地都有销售，客户反响较好。

带动效应。在"一记红"碧螺红茶精准扶贫项目的带动下，金庭镇红茶产业发展越来越受到重视。农民做红茶积极性高涨，增加采摘时间和周期，延长储存和销售时间，节约人工和成本等问题，受到越来越多茶农的重视。

另外，最让人意想不到的是，红茶产业效应吸引年轻人回流。2018年有不少在岛外谋生或刚毕业的青年人回到西山创业，主要从事农产品销售、民宿等工作。对碧螺红茶，他们特别感兴趣。很多人跑到"一记红"生产基地了解情况，相互探讨。

至此，"一记红"的意义已经达到：造势，全面提升西山红茶品质。突然发觉，最惊艳的一件事，所有的"一记红"包装盒上印着一只瑞气端庄、火红吉祥的角端。角端，传说是一种神异之兽、吉祥之兽，日行一万八千里；懂得四方语言，知道远方之事；形如狻猊，专蹲风水宝地。

三个人的戏还没唱完

你的鞋知道你走过的路，你的鞋也知道你脚的方向，而你的脚却常常不能忘记你的初心。吴威、杨建华、郑豪这三个年轻人乍一看有些相似，年轻，有想法，智商高，能吃苦更耐劳，上达领导下至群众都喜欢，正是共产党员中的一股主流和清流。仔细看呢，三人又各有不同。吴威，妥妥的一枚"理工男"，憨厚，话不多，靠数据、表格及理性与人对话；杨建华，一张自带流量的"网红脸"，喜欢写几笔，抒情怀旧什么的，特别有腔调，文艺范儿十足；郑豪则是耿直单纯有抱负。

这三人的共同品质是三观正，正能量，正气，突然想到"摆渡人"这个词，用在他们身上再恰当不过了。

一千多个日子，吴威、杨建华、郑豪没日没夜地泡在村里，泡在"一记红"生产基地，在党、国家、政府和各级组织的关心爱护之下，他们以年轻人的亲身实践和闪亮青春，助力乡村振兴，帮扶贫困村民，从绿水青山中挖出金山银山的奋斗、励志故事，既真实又充满传奇。

我们村里的年轻人，是可爱的、有理想的年轻人。

一树清香，逶迤而来。一壶芬芳，潜藏其间。

因为短暂，所以惊鸿一瞥，长长一生中，走得最急的时光，也是最美的时光，就此意义，衙角里村永远是吴威、杨建华、郑豪人生旅途中最辉煌的驿站。

清晨，一天里最蓬勃的时光，转眼是大雪节气，美酒温炉话岁丰。花枝春满，天高月圆。人类有诸多理想，人类更有诸多亲情，所以人类才会生生不息。我们在静谧中听闻，在停顿处看见，在呼啸而过的西北风中，回想衙角里村以及与它相联结的一切，好像一切叙说才刚刚开始……

陶文瑜说，"园林和丝绸，苏帮菜和评弹，几乎就是苏州的代名词，一记红应该也是，因了时令来照章办事，一年就这么一回，美得跟牛郎织女的爱情似的"。

精准扶贫，它的底气是文化。有文化的年轻人做第一书记，有智慧，有想法，理论联系实践，最后又回到实践中去，结出硕果，这就是文化的作用。文化无界，文化无墙。文化，它是让人与人之间，心与心之间自由漫步的空灵所在。

文化是静，经济是动，动静相济，精准扶贫才风情万种，云卷云舒。

这时候，花枝春满，天高月圆，不得不盘点一下衙角里古风了。

古风荡漾，事出有源。讲一段"一记红"茶话……

"甪里渊源"：衙角里村因汉初"商山四皓"之一的甪里隐居此地而得名。这里依傍太湖好山好水，承袭

一记红

精准扶贫纪实

国网苏州供电公司

壹

南方有嘉木

西山一记红

上：苏州供电人在"一记红"研制基地留影

下：苏州供电公司与衙甪里村党组织结对座谈会

甪里先生高洁淡泊之德风，成就风物清嘉的风水宝地。

"茶圣书品"：相传唐至德二年（757）三月，茶圣陆羽从明月湾登岸，到西山考察茶事，在水月庵旁采茶品茶。从此，水月坞的水月茶（又名小青茶）逐渐闻名于世，唐宋两代时被列为贡茶，为洞庭碧螺春茶的前身。

"廉吏爱茶"：清光绪年间，暴式昭在苏州西山甪里巡检司任九品巡检官。他勤俭爱民，廉洁奉公。暴公喜茶，只因清廉困顿，遂因陋就简，用粗老大叶做成红茶泡饮。自此以后当地将饮碧螺红茶作为为人清正、勤俭有德的一种象征。

第一书记，匠心制茶，精准扶贫，清气乾坤。

玫瑰之所以是玫瑰，因为它是玫瑰。第一书记之所以是第一书记，因为他是第一书记。

"舍不得离开呢，真心舍不得。"杨书记一直喃喃地轻声重复说这句话，这不是矫情，是杨书记发自内心的喃喃自语。

近两年时光，700多个日夜，他每天驱车来回100多公里的路程，进而一天一天熟悉村里每一条路、每一条河、每一座山、每一块田、每一户人家，以及与路、河、山、田、人连接起来的那一份感情，曾经感动过我们的岂能轻易忘怀？任职期将到，而杨书记手里还有很多的工作要做："一记红"的培育与推广，党员志愿服务，党建教育，电力保障……在衙角里村，杨建华有着做不完的事，操不完的心。他动情地说，车子一过太湖大桥，我就会心跳加快，这是回故乡的感觉呢。每天早出晚归，看太湖水，蓝天白云，呼吸湖面上吹来的新鲜空气；站在清代新丰桥上，看现代农业园四季瓜果；与村里男女老少拉拉家常，一天一天过去，我真的一点不厌。

是的，杨书记，工作是美丽的。

精准扶贫，有点像孔子所说的"老者安之，朋友信之，少者怀之"。

时至今日，精准扶贫已初具规模，她的一枝一叶青翠又芬芳。回想当初，精准扶贫应该就是一项摸着石头过河的工程。摸着石头过河，不仅是一个生动的比喻，更是一句具有经典意义的箴言，深得马克思主义精髓。人间从没有过那种现成的所谓"真理"，因为人类历史永远都只能是一个"摸着石头过河"的过程。

艰难的过程，诗意的过程；曾经迷惘的过程，逐渐明亮的过程；多少人为之付出劳动的过程，多少人享受其成果的过程。

2018 年的衙甪里村，预计实现年产值 400 多万元，远远高于苏州市吴中区定下的经济薄弱村"摘帽线"200万元的小目标。仅西山 4A 景区，8000 多万元的工程，因为有国家电网的政策性投入，硬是省下 6000 多万元。

春夏秋冬，四季轮回。水中雨声点滴，梦里花开无数。精准扶贫，乡村振兴，对西山衙甪里村民来说，幸福是一张电网，幸福是一张绿叶，幸福是摸得着的灯火，幸福是看得见的星辰。

王尔德说："万象之繁，我一言可以蔽之；万物之妙，我一语足以道破。"天地万象是以悲怆建造的。而在小满这一天，杨建华看到的是满满的丰收景象。小满、芒种反映农作物的成熟和收成。在研制"一记红"的实践中，第一书记正在走向成熟。可知，天地万象的悲怆是多么的……喜气！

人有三样东西无法挽回：时间，生命和爱。但是在三个年轻人的字典里，所有这些都以回忆的方式呈现，献给衙甪里村，献给精准扶贫，献给所有已经经历和行将经历的往事和未来。

杨建华自己写下这样的文字：

　　衔用里是一个必将离开的岗位。我希望是功成身退，些微地做点实事，不负使命。可心里面，我牵记这山这水。我想和你约定：每一个春天都来摘几叶"一记红"，每一个秋天都来塞几颗"小心肝"，每一个年前都来住上一晚，走在明灿灿的路灯下，静听乡音。"

　　南方有嘉木，西山一记红。

贰

一记红茶馆

茶有西山"一记红"

文／范小青

前不久我写了一篇西山的文章，题目是"家在西山湖水间"，西山是我们经常会去走走看看的地方，就像是自己的故乡。也曾经几次在早春的日子里，去西山看茶农采茶，茶农四散在茶树中，大多是些妇女，有年轻的，也有年纪稍长的，穿着随意的衣服，在绿的茶树丛中，点缀出许多色彩。

看过采茶，通常就去看炒茶了。

先看看炒茶前的拣剔，然后看茶农的那一双神奇的手，怎么在180摄氏度的热锅里将茶叶搓揉成形，搓团显毫。

再然后，我们品茶，品的就是刚刚产出的碧螺春，鲜嫩欲滴的绿茶。

范小青　苏州人，江苏省作家协会主席，中国作协全委会委员，省政协九届常委

陈郁宿普化庵

贪眠此云卿来逼别夕阳朦胧信钓

石欹枕侣评床篆薄疑视老茶多觉

夜长而庵湖海客语不不寻常

戊戌秋月吴郡风康

许风康 书

南宋 陈郁《宿普化庵》诗

一记红

国网苏州供电公司
精准扶贫纪实

是松花

昨日北善青偶
匝山家戊戌春月
锡六吴邨马原

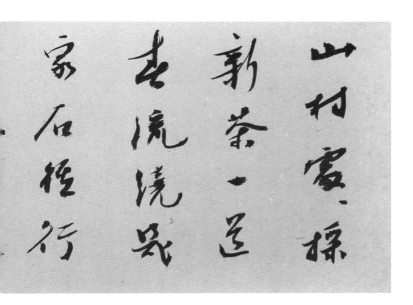

山村霭霭，新茶一瓯，去流浣瓮，家石径行

所以在很长的一段时间里，我一直误以为西山碧螺茶就是碧螺春，也一直误以为，西山是专产碧螺春而闻名。

真是孤陋寡闻。

一直到近几年，才听说了碧螺红茶。

其实是颇有些奇怪的，碧螺春，就是茶的嫩芽，就是每年开春时最早的茶叶，赶的就是时间，比的就是早晚。一个"早"字，让碧螺春的身份倍加高贵，明前茶和明后茶，价格也会相差一大截——这说的都是绿茶，都是我们一直以来所了解、所喜爱并且年年品尝的碧螺春。

而红茶，要经过萎凋、发酵等缓慢的过程，感觉好像是要"捂"出来的，难道红茶也要讲究一个"早"吗？

一个"早"字，暗藏的是对严寒的全方位的抗争，一个"早"字，谈何容易。

在一个激烈竞争抢上位的社会环境中，谁不想比别人抢先一步，拔得头筹。

可是，谁也都知道，这个"先"字，可不是那么容易抢容易占的。

就这样，碧螺红茶和碧螺春一起，抢先登场，并肩战斗。

桥坞春黄子
军役江朱花
双鹅翔戏浦
屋鸣善远家
赤脚婆孙笋
苍头捕晚茶
出门逢野老
为言说桑麻

陆游幽居初夏诗
戊戌秋月录于采
邗古的山房

许风康 书
南宋 陆游《幽居初夏》诗

一记红

国网苏州供电公司

精准扶贫纪实

小村山影谩山脚
如此村村春已初移栽
人家未摘茶生见了
门户馈客有美殿嗟
我尘埃乡窗士髻
昌华　宋陈造圩二

戊戌秋月湯錄
於吴郡古相山
房相睍大
许风康

许风康 书
南宋 陈造《圩上》诗

碧螺春的前身是产于西山水月坞的水月茶，水月茶分两支，一支绿茶，一支红茶。水月绿茶在明清演进到了碧螺春，而水月红茶，到今天有了个很现代的名字："碧螺红"。"碧螺春"和"碧螺红"，都因它们卷曲似螺的形状始得名，而"碧螺"两字的灵感，来自西山碧螺峰。

好了，现在该说到我们的主角，西山"一记红"碧螺红茶了。

有了它的前世今生，有了它的来龙去脉，并且找到了它所在的位置，西山衙甪里村。这里原本是一个空守好山好水的贫困村，两年前确立了"碧螺红茶品质提升和品牌重塑"的思路后，专注打造优质碧螺红茶，短短两年多时间，"一记红"已经清气满溢，四处飘香了。

就像碧螺春对于洞庭西山做出的贡献一样，"一记红"碧螺红茶，对于曾经贫困如今已经脱贫致富开始腾飞的衙甪里村，也一定会为衙甪里村扬名助力。

我曾经用过一个比喻，如果说东山是美丽大方的姐姐，那么与她隔水相峙、遥遥相望的西山，更像是一个深藏闺中的妹妹。

而如今，这个深藏闺中的妹妹，也已经出落得和姐姐一样大方，一样的五彩缤纷。

在西山的某一个安静而又精彩的角落，衙甪里村和它的"一记红"，正在为越来越多的人所知晓，正在走出家门，走向广阔的世界。

香浓似蜜，水活灵动，味纯留甘，看到这十二个字，我早已经满口生津、馋涎欲滴了。

我在想，有机会，无论是早春还是晚秋，无论是晴天还是雨中，我们要再到西山，到衙甪里村，在那里面朝太湖背靠青山，喝"一记红"。

其实，在写作这篇文章的过程中，"一记红"早已经一记头刻记在我的心里了。

茶饼嚼时香透齿，水沉

烧处碧凝烟沙。宽闲著

熘熘延秖困，新晴不雨天

宋李涛春昼書四叶一首之一

戊戌秋月涛然于吴郡古柏

山房內腮下

许凡康

许风康 书
宋 李涛《春昼回文》诗

一记红

文／陶文瑜

爱好喝茶的朋友到了春节过后，有两三个月心不在焉的日子，去年的新茶喝得差不多了，存着的也没有那么新气了，今年的新茶却还没上市，是一种将要上市而还没上市的状态吧。乍暖还寒的早春，其他地方的绿茶先期而至了，这是热带气温里早熟的绿茶，也是青翠的模样，喝起来却比较单薄，回味也少，大家想到了碧螺春，却也只能干巴巴地等着。

苏州人提起碧螺春好像就是说起自己的孩子，别人家的孩子和自己的孩子是有明显区别的，见到或者谈到别人家的孩子，基本上是雁过拔毛，三言两语却又有点斟词酌句。一谈到自己的孩子，就顾不了那么许多了，也不管别人爱听不爱听，我行我素，一五一十地讲下来，是一副向来知根知底和意犹未尽的表情。

陶文瑜　苏州人，中国作家协会会员，江苏省书法协会会员，《苏州杂志》总编

娇草奇且灵吾谓草中英

夜白和烟搗冥之爐

對雪烹

惟憂碧珍散嘗見綠芽生

郑愚茶诗二，

王琰

一记红

国网苏州供电公司
精准扶贫纪实

茶当酒

寒窗客

陶文瑜 书

一记红

国网苏州供电公司
精准扶贫纪实

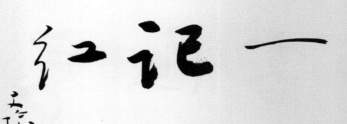

一记红茶馆

陶文瑜 书

陶文瑜 书
自题《茶诗》一首

3月某日，突然刮起了大风，还有些绵绵细雨，我关好了门窗死心塌地在家里看书。傍晚的时候，风小了许多，雨也停了下来。西山的朋友上门，带了半斤碧螺春来，是清明之前的品种，因为有黄叶就不能作为特级来处理了，炒的时候水分也没有彻底去净，就是为了给朋友尝尝，先睹为快吧。最新的碧螺春滋味和香气是完全和完整的，喝到嘴里是旧地重游和老友再聚，也是别出心裁和焕然一新。

　　黄叶和干燥不充分，对于老茶客来说，基本上是忽略不计的，式样是给顾客看的，就像女演员是给观众看的一样。茶叶对于老茶客，好比是平常生活中的女朋友，可以你来我往，也可以谈心聊天；女朋友或许没有女演员那么好看，那么善解风情，却是朴素实在的，也是大大方方的。

到了3月底，与供电公司的朋友相约，去西山品尝"一记红"。

"一记红"是明前红茶，和碧螺春在一棵茶树上生长，同根同源吧。也十分合我口味，对照了绿茶，竟有点姐妹易嫁的意思。

地理环境是依山傍水，地质地貌是风和日丽、鸟语花香的境界，交织在花树和果树之间生长，茶树躲在高高大大的花树、果树下面，阳光和雨露透过花树和果树的枝叶，有一搭没一搭地落在她们身上。

"一记红"不像其他地方一些红茶，强词夺理或者咄咄逼人，土生土长和矢志不渝用在她身上，再妥当不过了，园林和丝绸，苏帮菜和评弹，几乎就是苏州的代名词，"一记红"应该也是，因了时令来照章办事，一年就这么一回，美得跟牛郎织女七夕相会似的。不是很冲，却有滋味，风骨和气质像一个风雅的文人，因苏州生长，也只能在苏州生长。

生怕芳叢鷩莆芽老郎封寄

谪隐家

今宵更有湘江月

照出菲々满碗武

唐人尝茶二十一

王琼

陶文瑜 书
唐 刘禹锡《尝茶》诗

一记红

精准扶贫纪实

国网苏州供电公司

衙甪里碧螺之前世今生

文／小海

天落水，水生根。"饮有粗茶、散茶、末茶、饼茶者，乃斫，乃熬，乃炀，乃舂，贮于瓶缶之中，以汤沃焉，谓之庵茶。"（唐陆羽《茶经·茶之饮》）无论什么茶，关键要得天时、地利。一句话，原料要好。太湖西山，衙甪里村，天地钟灵，山水胜境，此处遍植碧螺茶树，常年伴生枇杷、橘子、杨梅等花果。这里自然环境优渥，"月月有花香、季季有鲜果"，而茶树属于天生丽质难自弃，无论制成什么茶，都淡妆浓抹总相宜。茶圣陆羽遍访天下觅好茶。相传，唐至德二年（757）三月，他从明月湾舍舟登岸，在西山水月庵旁相天法地，采茶品茶。因了茶圣的亲力亲为，亲自品定。从此，水月坞的水月茶（小青茶）逐渐闻名于世，于唐宋两代被列为贡茶，此为洞庭碧螺春茶之"前世"。如今人们还知道，

小海　　中国作家协会会员，苏州市作协副主席

徐德泉《清风》图

除绿茶外，当地衙甪里村的制茶人以技进乎道的精神，精心培育了碧螺红茶品牌。今天的"一记红"红茶，春分前后，一芽一叶初展时开采，经精细拣剔，当天即可制作而成。这款红茶以其"香浓似蜜、水活灵动、味纯留甘"一鸣惊人，一跃而成红茶新贵。碧螺春有了孪生姐妹——绿茶与红茶，此为洞庭碧螺春茶之"今生"。

茶养人，人培德。碧螺绿茶和红茶，恰如太湖天地间的两个精灵。茶圣陆羽为我们描述茶的最高境界即为沟通天、地、人三者的关系。得天地造化，太湖烟水间的衙甪里村，可是甪里先生周术选择的最佳隐居之所。他用与内心相契的生命方式，在这太湖桃花源里结茅养德，饮酒品茶。"潜书周隐士，白云今有期"（元稹《寄隐客》），可谓古今通达。俞曲园老人盛赞的"一代廉吏"暴式昭，也曾在此因陋就简，用粗老大叶做成红茶泡饮。

当地百姓每每饮茶思人，碧螺红茶成了清风朗月、廉明高洁的一种象征。而吴地文人酒茶一家，饮酒也若饮茶，关键在得其真意。沈周题《醉茗图》曰："酒中滋味与茶同，顾渚春雷醉耳聋。七碗便堪酬酪酊，任渠高枕梦周公。"这是怎样的茶，酒醉滋味中还让他念念不忘?

记得十多年前，我送一盒新上市的碧螺春茶给途经苏州的老友，一周后，接到他的责询电话，为什么你送的新茶，都长出了霉菌? 我说还没到雨季，不是霉菌，这是嫩叶上的绒毛毛，明前春茶，有一些细微的绒毛，烤制后有时形似小小的结，用水冲泡时，会挂在杯沿上，你可以细细观察。他叹了口气说，不会享受，已被我妈扔了。现在有了上好的碧螺红茶，这样尴尬的事，料想不会再发生了。

一记红

国网苏州供电公司

精准扶贫纪实

贰

一记红茶馆

陈如冬 绘

西山的期待

文／亦然

我是一直坚信苏州洞庭迟早会有让我中意的红茶出现的。

每年清明一过,我都会约上三两朋友,一起去西山秦家堡的一个相熟的茶农家买上几斤炒青。近年越买越少,因为不知不觉中以饮红茶为主了,炒青只是尝尝鲜而已。前年秦家堡那家也开始做红茶,我欣然拿了两斤,想送一斤给我的一个喜爱红茶的好友尝尝。后来没送,我品尝过后觉得那红茶的制作工艺上升空间还很大,以后再送吧。

我那个好友就住在西山。说起这个话题,他告诉我他也有两品出自西山的红茶,但是他也不准备泡给我喝,理由如我。红茶这个话题是很有东西可聊的,说得起劲

亦然　　著名作家,江苏省作协会员,苏州市文学艺术界联合
会第九届委员会副秘书长,创研部主任

徐惠泉 《莲香轩》图

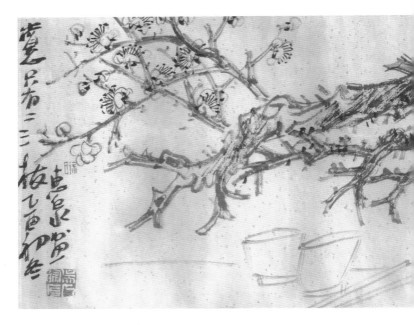

徐惠泉《赏心只有二三枝》图

了，他索性拿来四罐红茶，在他家那条充作茶几的帆船甲板上一字排开，一款一款地品尝。四款红茶分别是阳羡红、祁红、昌宁红、祖根红。真的是一款比一款精彩，我们一整天都耗在这四款红茶上，觉得很充实。

没有烦心事牵挂，与老朋友一起，一边随意聊着，一边定定心心品尝自己喜欢的茶，那是一种难得的福分。

那天感觉舌头大了，不，不是喝酒喝多了舌头大，是舌头的感觉区域大了，灵敏了，丰富了，能够清晰地辨识出舌尖、舌面、舌根等舌头的各个部位，那些部位会次第报告，什么样的果香在哪儿逗留，什么样的回甘在哪儿回旋、升腾。一人得意，两人得趣。话题在红茶与世事之间进进出出，红茶是一个有趣的世界，做红茶是一个有趣的事业。我们品的祖根红就是一个云南朋友倾心倾力的事业。

我的好友也期待着西山本土的可心红茶翩然问世。

这款茶似乎已经向我们走来。我的另一个专家级好友推荐一款正娉婷出场的西山精品红茶，十二字的描述已然打动了我，"香浓似蜜，水活灵动，味纯留甘"。

这茶还有个耐人寻味的名字："一记红"，颇有苏州范儿。

在这个苏州范儿的名字里，吸引我的还有一串关键词：博士制茶，工艺严谨，春分采茶，高品质。

让我印象最深的是"一记红"的历史渊源，它的前身是清末廉吏暴式昭喜爱的一款红茶。由此，"一记红"在我心目中人格化了：清正，勤俭，这正是爱茶人向往的品性啊。

好茶都是有故事的。或者说，有故事的茶才会是真正的好茶。

徐惠泉 《莲香轩》图

今朝忽到此山中

文 / 潘敏

　　一路上有许多开白花的树，以为是梨树。甪里梨云，那是洞庭西山的八景之一，而我正在去水月禅寺的路上，离甪里不远。花已满开，每朵都是雪白的五瓣，黄的蕊，花梗略长，花蒂是鲜嫩的绿。但不是梨花，是李花——李子的花，这一棵是结黄李子的。山转角处的路边，一个戴着围裙在篱边掐枸杞头的女人对我说。我想起来了，夏天来临时，洞庭东、西山上熟了的李子，也叫嘉庆子，有黄颜色的，有淡绿色的，有紫红颜色的……想到李子，那种蓬勃的酸，迅速地蹿了上来。

　　其实我不是来看李花的，在此之前我不知道李花这么美，也不是来看油菜花的，只是碰巧看见它们金黄了。我要去的地方是缥缈峰下，那个古老的水月禅寺。说起来有点奇怪，我几乎走遍了西山的村落与寺院，却独独漏了水月禅寺。前几天，我看到了水月坞里水月禅寺的

潘敏　　著名作家，江苏省作协会员

九日山僧院東籬菊也黄

俗人多泛酒誰解助茶香

僧皎然九日與陸羽處士羽飲茶

近日得友人相贈水印潘天壽茶譜頗見古趣回試筆數葉聊以遣興戊戌月白榆記

白榆 书
唐 皎然《九日与陆处士羽饮茶》诗

一记红
国网苏州供电公司
精准扶贫纪实

曾求芳茗貢蕪詞果沐
頌沾味甚奇龜背起紋
輕炙處雲頭翻液乍烹
時老丞倦悶偏宜矣舊客
過從別有之珎重宗親相寄
惠水亭山閣自攜持

劉兼從弟舍人惠茶 戊戌初秋 白榆

汪鸣峰 书

唐 刘兼《从弟舍人惠茶》诗

照片，刹那间，有一种似曾相识的感觉。背靠青山、黄墙黑瓦，寺在坞中。所谓"坞"，其实就是群山环抱之间的小平地。这与我喜爱的东山紫金庵何其相似，紫金庵也在坞中——东山的西卯坞中。此外，水月禅寺与紫金庵还有时间上贴近，兴建的年代都在南朝。水月禅寺建于梁大同四年（538），紫金庵建于梁陈时代，虽没说清哪一年，总是相近的年份。《紫金庵净因堂碑记》上有一句话："吾山招提兰若不下数十处，其最幽折而寂静者莫如紫金庵。"幽折而寂静，这也是水月禅寺的气息，它牵引我来到这里。

除了三个在廊下闲坐的人，水月禅寺里别无他人。不出所料，我见到了前几日在照片中看到的明代石碑《水月禅寺中兴记》，那是水月禅寺里留存的最老的宝物。转过身，碑阴录刻的诗文密密麻麻，排在前面的是白居易、苏舜钦的两首七绝诗。"昨夜梦中兜率宫，今朝忽到此山中。"一千多年前，白居易来到此坞此寺，一开口就有一种如愿以偿的惊喜。隔着石碑外罩着的玻璃，隔着茫茫岁月，我想像白居易眼里看到的水月庵（即后来的水月禅寺）。只是寺院的黄墙稍新，想象乏力。

或许有什么以前的书或者资料吧？我问廊下一个上了年纪的人。他说不知道，寺院的当家今天也不在。然后他努努嘴，他说你去看沧浪亭"主任"写的东西吧。我不解。他再说，老的碑上、新的碑上都有。忽然醒悟，他指的是九百多年前的苏舜钦！修筑沧浪亭，自号沧浪翁，并作《沧浪亭记》的苏舜钦，在今天的乡间老人看来，就是一个沧浪亭"园林主任"嘛。我忍不住笑，细看了长廊里苏舜钦作的《苏州洞庭山水月禅院记》，再回到老的碑阴前读苏舜钦的诗。"无碍泉香夸绝品，小青茶熟占魁元。"苏舜钦赞不绝口的小青茶早已吃不到了，它已在时间的长河里转身为碧螺春茶，而碧螺春茶又分两路，一为绿茶，一为红茶。这也是我来此地的另一个目的，在缥缈峰下吃两杯碧螺春：一杯绿茶，一杯红茶。

今朝忽到此山中。喝着茶，恍兮惚兮，我也有了千百年前的诗人一样的心满意足。绿茶清甘，红茶淳美，那红茶的名字也好听：一记红！

小鼎嵌茶面曲池

白頹道士竹其間

何人書破蒲葵扇

記著南塘移樹時

唐李商隱即目絕句

歲戊戌白露日秋高氣

爽偶然欲興　白榆

白榆 书
唐 李商隐 诗

120
121

叁

杂 记

缘有源 境无尽

——我到衙甪里的"心意情"三感

文 / 杨建华

心生 · 初见如意境

世间万万，总归一个"缘"字。

丁酉年（2017）春节，大年初一就有冬日春意的阳光天气，实在难得。

年前，父母亲听闻西山的大如意圣境初一至初三对苏州市民免费开放。除夕夜吃年夜饭的时候，母亲便提议明天起个早，一家子去祈福。

我们初一九点钟开车出发，先上西环，中转中环，沿着孙武大道一路直到太湖大桥，过长沙、叶山二岛，顺着石公山路，终于在十点半到了西山岛最南端，遥遥望见了崇高庄严的观音金像。

大如意圣境至矣。景是胜景，境是圣境。父亲走进了如意门，母亲撞响了太平钟，一家人点燃了积福香，登上了 66.99 米的观音台，一眺太湖，旖旎风光尽收

衙角里村委会会议

眼底。

回来时我特意选了缥缈峰公路，一来新年不走回头路，二来公路修筑在太湖水岸边，一路回去可尽享湖清山青。才开了5分钟，在一个道口转弯时，我看到一块岩石竖立村口，上刻"衙甪里"。

我忽然想起件事，停下车来，指着石头和父母说，这个地方是单位的帮扶点，有一位叫吴威的同事就在村里任职第一书记。父亲搭话说，前些日子他看到《苏州日报》上记载了一篇关于供电公司扶贫的事迹报道。一家子说说笑笑，开车在村里兜了一圈，回程竟还快了半小时。

三个星期后，我得知自己将接任衙甪里村第一书记。母亲知道了，说我和衙甪里有缘。

缘来有源。

世间万万，平平常常，总在不经意间藏了玄机。如意境里的一道涟漪，埋下了一粒种子。种子破土发芽，长出了一颗初心。

初心不改，使命牢记。

意盛·名见一记红

"一记红"里面有一个秘密,我一直不曾说起。

从春入夏,转眼秋霜。180个日夜,我都把心思放在了碧螺红茶身上。辛苦不足道,但求口碑佳。可幸的是有了"小心肝"(青橘加碧螺红茶做成的"小青柑茶"),开了个头彩。

"小心肝"这个茶,果香浓郁,味道清爽,非常适合在秋冬季节饮用,一上市就深受欢迎,转眼售罄。正因解决了橘农青柑滞销问题,"第一书记碧螺红茶"的名气才渐渐地在村民口中传开来。

慢慢地大家都叫它"一记红"了。

一记红来四季红,

笑逐颜开乐融融。

茶香传赞四方众,

美好生活向欣荣。

不管是"第一书记碧螺红"的本源，还是"一记头就红"的口彩，抑或"一网情深 牢记使命"的诠释，都不属于"一记红"里面关于我的秘密。

想知道这个秘密吗？那需要你的配合。

请打开手机，输入三次"一记红"，再输入三次"杨建华"。好了，秘密不再是秘密了。

真的，我自己发现这个秘密也是通过上述的操作。总结写多了，秘密自然就自己暴露了。

一记红

国网苏州供电公司

精准扶贫纪实

一

叁 杂记

"亮村计划"小巷

罢了，既然大家都叫"YJH"，没有理由不尽心尽力。

意气风发只为"一记红"。

情深·再见徜甬里

一千年以前和从此以后。

20世纪80年代出生的我，出生在城市，成长在城市，看惯了万家灯火不夜天。

驻村宿夜的那些日子，我夜游散步，从村口的路灯走起，随着路渐渐变窄，灯光也慢慢稀疏，直到不得不打开手机里的"电筒"。偶尔的人迹，惹来的倒是几声犬吠。

这样黑的夜，应该不止一千年了吧。

村里人比城里人少了一种生活——夜生活，他们依旧是随着太阳升落而起居。

戊戌年（2018）前的"小年"，200盏明晃晃的节能路灯像一串串夜明珠项链，戴在了小巷阡陌。徜甬里村变得热闹了。

郑家老奶奶挂了拐，叮嘱着左邻右舍火烛关防。

弄堂里的娃儿们还在追逐嬉闹。

一对青年男女走进灯光，又躲进暗角，自由来去。

看门狗却跑出了家，跑东跑西等主人归来。

有一个夜晚，我真的一个人静静地在一条巷子的巷尾，站了小半个钟头，看到了这些夜景。

"亮村计划"得来不易。不论是经费材料，还是走线定位，有困难，有不解，有反复，有取舍。而这种种如今被这盏盏明灯，驱散得不见踪影。

千年之后，从此以后。

衙甪里第一书记是一个必将离开的岗位。我希望是功成身退，些微地做点实事，不负使命。

可心里面，我牵记这山这水。

曾经有多少过客能看过四季的你。

曾经有多少过客能留下一样的名字。

我想和你约定，如果可以，下一个千年：

每一个春天都来摘几叶"一记红"；

每一个秋天都来塞几颗"小心肝"；

每一个年前都来住上一晚，走在明灿灿的路灯下，静听乡音。

缘有源，境无尽。

苦尽甘来品真味
洞庭红茶飘新香

—— 碧螺红茶研制记

文／王壮伟

2015 年春，上班路上，同事介绍个小伙给我认识："王书记，这是郑豪，衙甪里村副书记。"白净的"80后"，是村支书？见惯了中年老成的村支书，这小伙让我有点愣神。这时郑豪满眼笑意地跟我招呼："王书记，我是'大学生村官'，我们村还有个苏州供电公司挂钩扶贫的第一书记，吴书记，我们两个现在正在琢磨脱贫项目，以后要多向你请教了。"哦，"大学生村官"，这个好，年轻人更愿意创新，也更愿意接受新技术。我开心地应："好，以后我们两多沟通，多交流，有时间我去你们那看看。"

还没等我去他们村，他跟吴威书记就跑我办公室来了，两人开门见山，直奔主题。

郑豪说："王书记，碧螺春茶叶是我们西山农民收入的主要来源之一。碧螺春茶以芽尖为上品，而茶园后期的炒青售价低，保存期短且需冷藏保存。绿茶的集中上市给销售也带来压力。西山部分茶农近几年开始制作红茶，但加工工艺参差不齐，有的是纯手工制作，发酵不彻底，有青涩味，碧螺红茶在市场反响不够好，销售渠道打不开。我想研究红茶加工工艺，打造红茶品牌，你看看能否帮我找专家指导？"

碧螺春绿茶乃十大名茶，全程纯手工制作，茶农们清早上山采茶，下午挑拣，晚上炒制，且需要手艺精湛娴熟的炒茶师才能出好茶，辛苦一天出茶量有限。如果做红茶，便可以工厂化生产……我对他的想法很是赞同："好，我去请我们单位的茶学专家来指导。"

"王书记，我们西山碧螺春绿茶只采摘春茶，四月底之后就不再采茶了，我们做红茶，可以把夏秋茶叶也利用起来，这样就可以提高茶园的收益了……"吴书记补充道。

"嗯，这样可以大大提高茶园效益。不过每个茶叶品种都有各自的特点，夏秋茶苦涩味重一些，对制茶工

衔甬里茶农手工制茶

艺要求高。我们必须一道道工序摸索，详细严格地做好试验，才能筛选出最佳的工艺流程……"我提醒他们。

"红茶只需要常温保存即可，销售上就没有压力了……"两位年轻人越说越兴奋。

我接着说："嗯，目前我省就宜兴红茶有点名气，现在人们对茶饮多样化需求增加，做好碧螺红茶肯定是有市场的。"

"我们研制出好的加工工艺，并从原料和生产齐下手，做好质量，做好品牌。"两个年轻人动力满满。

我们三个越谈越投机，一致认为，这碧螺红茶是西山增收增效的好项目。

我回单位拜访茶学专家李荣林老师，他具有多年的祁门红茶制作经验。我向他介绍了西山碧螺红茶的现状、制作需求和我们的想法，爱茶如痴的他非常感兴趣，爽快答应免费参与碧螺红茶加工工艺的优化研发。我介绍李老师与郑豪认识，他俩从此之后便以师徒相称。李老师负责理论传授，把关各流程参数设定，调整影响因素水平。郑豪在研读了各种红茶制作的文献资料后，根据李老师的指导采办设备，动手制作红茶，而吴书记则负责市场调研、项目统筹及一切协调、后勤工作。后来，研发团队又加入了一位高级茶艺师兼评茶师——向阳茶院的尹向阳老师，每批茶叶出来，她便负责品鉴，找出茶的优劣点，李老师和郑豪便有针对性地改进工艺参数，优化流程。

我这个门外汉，具体的研制过程便没有参与，但时刻关注着他们的进展，也屡屡被邀去品尝他们的成果，于是，我见证了碧螺红茶标准化制作从孕育到出生的全过程。

孕育的过程有艰辛：李老师在科研工作之余，挤出时间，赶往西山岛，与郑豪研制茶叶，他们经常守着茶坊到深夜，甚至还会通宵。偶尔我与郑豪深夜微信互动，他仍身在茶坊，兴致勃勃地跟我聊进展，也经常看到他的朋友圈动态：枕着茶香小寐……累并快乐着。

孕育的过程有阵痛：红茶产品某个缺陷，反复调整了四五次参数，做下来四五批，仍旧无法突破。原料采摘季每年只有两个月，时间紧迫，无数次愁眉、失望、焦急，查资料，想法子，挫败后再来。

孕育的过程也充满欢喜：每逢产品有所突破，我们便围坐茶桌、按序冲泡、观其色、闻其香、品其味、论其道，看到汤色变得更油亮、香味变得更醇厚，我们几个细品后便是相视展颜，再品，再笑……个中欣喜不言而喻。

时光荏苒，又过一年，吴威书记任职期满回原单位工作，苏州供电公司派出第二任第一书记杨建华。

经过两年近百次的试验，我们加工的红茶终于得到了尹老师的点头肯定，送的样品也得到了中国农科院茶叶研究所评茶专家的认可证书。"一记红"出世的背后是李荣林老师十几次奔波，熬夜制茶的辛苦，毫不遮藏悉心传授的无私；是尹向阳老师无数次品鉴后或皱眉或微笑，准确指出优劣的专业素质；是曾经白胖的郑豪瘦掉20斤肉，白嫩的手日夜制茶后的粗糙不堪……"为伊消得人憔悴，衣带渐宽终不悔"，那个阳光微笑的"80后"小伙就这样沦为茶痴，见面即谈茶。

一堂相聚知音人，两载辛苦为茶香。

金毫显露撩人饮，碧螺壶中茶汤亮，

苦尽甘来品真味，增效创收一记红。

祝我们西山岛的"一记红"，在市场上越走越红，给茶客们带去茶的真味，给茶农们带来丰收的喜悦。

党员结对帮扶会议

一记红

国网苏州供电公司

精准扶贫纪实

寻思故里 深隐于茶

文／郑豪

壹

杂记

西山，犹如太湖中隆起的一块蚌壳。这隆起的蚌尾，是快要隐入湖水的衙角里村。

历史上璀璨的人文与浪花涌起过的富庶早已化作历史遗存，这里是一段被虚化了的认知，是一枚被潮水弃在岸上的泥螺。我的祖辈父辈在螺壳里蒙尘，却不曾想过自己就是一颗明珠。

汲取着青山绿水的滋养，我从一个农村娃成长为一名"大学生村官"，回到熟悉的村子，梦想着让"三农"华丽转身。忽闪忽现的启明星，给予我求索的灵感；初晨的朝阳给予大地生命和希望。

久违的山路依旧崎岖，一步三摇，潜入山坞某个断裂处。此时一阵清风吹过，成片的茶林枝叶碰撞，一声一声拖出了长音。祖祖辈辈在这音律里自给自足，似嫩

引进科学管理的农场

芽初上，或落叶飘然，来得自然去得自然……越过山丘，夕阳在湖面上铺洒满片金红，太湖之水拍打着岩石，激起的浩渺水气，上拉着云，下牵着雾，年复一年，竭尽所能滋润着草木，向最深最高处传送水滴，是不离不弃，是孕育成全。这样有灵气的水窖酝酿的东西必定香醇……我能发掘这种香醇吗？在这饱含张力的山风湖水里，我依稀听出长征的号响，我不是一个审音度律之人，作为一名故土的热爱者，我这一刻下定了决心——我想尝试为父辈的淳朴做出新的诠释，尝试将他们的汗水化成结晶。

有感于苏州供电公司与衙甪里村结对帮扶项目，我在吴威和杨建华两任第一书记的支持激励下，开始了碧螺红茶的研寻之旅。祖辈古法制出的红茶，馥郁清甜、有果木醇香，然而此法对自然条件与制作工艺的要求极高，天候、手法的微妙变化，直接影响成茶的品质，更重要的是真正掌握传统制茶精髓的匠师真是凤毛麟角，传承不易，有碍规模生产。新时代面对新形势、新挑战，我不仅要在创新创收上另辟蹊径，更要在探索求新的同时，不丢失独特的家乡风味。

在这段回乡寻故的日子里，我开始在乎一片树叶和半根草径的生命本源，更加看重清风洗礼的人生际遇，也比任何时候都要尊重这一方水土，希望它庇佑父老乡亲的命运。

江苏省农科院的李荣林、向阳茶院的尹向阳两位老师被我的诚意打动，悉心传授专业制茶知识，让我回归原点，从鲜叶采摘的标准化开始，明晰萎凋、揉捻、发酵、烘焙的步骤，在模拟环境的同时，定量定性，让每一个环节都有特定的参数指标，从而制定出一整套可以固定的标准工艺。接下来便是无数次的尝试，除了对比参考其他地区红茶的制法，兼收并蓄，味之再三，我也从今人前贤之中取法，取材，取意，但绝不拘囿于一家一法。试制的无数个日夜，是一个不断加强自我涵养与沉潜修行的过程。儒家说，志于道，据于德，依于仁，游于艺。艺的形式里深藏着道，将一件事做到极至即是求道的过程。而制茶给了我一次修行的机会。

一记红

国网苏州供电公司

精准扶贫纪实

叁

杂记

一

郑豪（左） 李荣林（中） 尹向阳（右）

一抹金红终于在白瓷杯里遇水晕开，清新的甜味里有细微的兰花香，干净、丰富而有力量。技术创新升华了口感，延长了茶的收获时期，稳定了茶的品质。感恩苏州供电公司的"一网情深"，感叹第一书记们的"牢记使命"，感谢凝聚智慧辛劳的那"一抹红"，源于此我们将研制成的这款红茶命名为"一记红"。

对于在基层扎根的青年来说，朝阳映发，身披夕光，埋在树叶堆里的时间，毫无世俗风光可言。制茶的我摒弃潦草，平淡无奇中传承风骨；喝茶的你随风入怀，汪洋肆意却不笙歌挥霍，这是否就是我们心底各自渴求的情怀？

和第一书记一起做碧螺红茶

文 / 尹向阳

今天是 2018 年 9 月 9 日的下午，杨建华书记又带来了昨天刚刚做好的"一记红"碧螺红茶，还有试制的碧螺白茶。然后，我们一一品鉴，一一比对，仔细分辨它们的差别，细细体会它们的滋味。

这样的场景，近三年来，在太湖边的衙甪里村和市区我的茶院里，已经记不得出现过多少次。

回想这些年与茶韵为伍，与书香为伴，与理想相依，所有的思绪都在天空中弥漫开来。该用怎样的笔法才能把发生在西山衙甪里这个小山村里的碧螺红茶的故事，落墨纸上？

一杯碧螺红茶，慢慢品味，其实每一片茶叶都嵌着一个故事，红艳通透的茶水，就是在诉说孕育的激情，诉说着演绎的过程。

"一记红"品质提升项目基地与"向阳茶院"茶文化活动推广站

一记红

国网苏州供电公司精准扶贫纪实

一

叁
杂
记

尹向阳老师在衙角里

"一记红"加了青橘的碧螺红茶——"小青柑"

一记红

国网苏州供电公司

精准扶贫纪实

叁

杂记

　　金庭镇所在的西山岛是太湖中间最大的岛，不算远，从苏州市区往西走，过三座太湖大桥，也就50多公里，这里盛产著名的"洞庭碧螺春茶叶"。

　　每年春天，岛上的几个"茶坞"，我总要去光顾，其中最大的要数水月坞，水月坞的镇坞之宝除了水月禅寺，就是小青茶，小青茶据说就是碧螺春茶的前身，但是现在已喝不到了，不过想象一下，用山中的泉水泡这个茶倒是清冥浩荡，云水禅心。还有一个隐藏在密林深处的天王坞，一潭碧水，一片桃林，绽放的桃花似乎能让嫩绿的碧螺春染上淡淡的粉韵。

　　位于西山岛西面的衙甪里村因汉朝隐士甪里先生而得名，村子背靠茶山，面临太湖，我却从未去过。三年前，因茶结缘，认识了衙甪里村里两任第一书记，才走进这个古村，参与了用村里自产的茶叶制作绿茶以外的茶叶的过程，走近了成长中的"碧螺红茶"。

　　苏州的东山、西山自古以来以"吓煞人香"的碧螺春绿茶而闻名，明前碧螺春茶"鲜嫩、香甜"，明后的茶就显得"粗老、味重"。近些年随着劳动力成本增加，茶农主要采制清明前的茶叶，清明后一般采制一周左右，

148

149

茶叶揉捻

就基本停止了。夏秋茶完全不采制。

2016 年的下半年我就在衙角里村委会见过第一书记吴威，他拿了几泡碧螺红茶招待我，我们聊了茶叶的现状，聊了红茶制作，聊了如何提高茶农收益，由于过了采茶季，就把一些想法和计划放到了来年。

第一次去衙角里"大学生村官"郑豪家的情况我记得很清楚，是 2017 年 3 月 16 日，和我一起去的还有省农科院的李教授。那天郑豪穿着一件纽扣快要被绷开的黑呢外套，胖乎乎的手正在揉捻茶叶，准备做碧螺红茶。（一个多月以后，这件黑呢外套在郑豪身上变得空荡起来，体重少了 20 多斤，前襟可以对叠，他自己说起来倒是轻松：做茶一举两得，把事情做了，还减了肥。其实是做茶很辛苦，没有强壮的体魄还不行。）

从 3 月中旬到 4 月中旬，我一共去了衙角里村 9 次，印象最深的是在郑豪家夜宿的那次，白天把新鲜采回来的茶青放在竹筛上进行摊晾萎凋，等叶质柔软，有一定韧性了，青草气也消失了部分，就放进揉捻机揉捻，这个过程需要 5 个小时左右。

揉捻是红茶初制的第二个步骤，也是形成内质和外形的重要环节。设置好的机械圆盘，一圈一圈，反复运动，使萎凋好的叶子揉卷成条，充分破坏细胞组织，使叶内多酚氧化酶、多酚类化合物和空气中的氧接触，促进发酵的进行。这时候茶汁溢出，会有较浓烈的清香。揉捻一般需要一个多钟头。

摊晾、揉捻的时候还需要不时地动手，显得忙忙碌碌。到了茶叶发酵阶段，已经是深夜，一切变得静悄悄，生怕大的声音惊扰了酶促转化，我们静待发酵转变后的惊喜。

这个时候，我和郑豪开始品茶，拿出了这几天做的每个批次的茶，进行分样、选样，有品种之别，有日期之别，有等级之别。单样品喝，两个样品对比喝，前后样品反复喝。

3月中下旬的茶叶，鲜叶细嫩，叶质肥厚，芽头多，制成的碧螺春绿茶品质优异，香飘千里。此时的茶青制成的红茶，条索紧细，苗锋嫩好，色泽纯润；因为是嫩芽，内含丰富物质；汤色虽有毫毛，还是较清亮；叶底红匀，有光泽；茶汤香味厚爽，有明显的熟果花香和奶油饼干的香；纤维素含量低，口感自然顺滑，绵柔中透着悠远的感觉。

品鉴的中途，我们还会去发酵仓看看，翻翻堆，加加湿，看看温度计，检查手感，闻闻气味。发酵的"火候"差不多了，就把茶叶送进烘箱，进行最后一道工序。烘箱预热升温后用高温迅速蒸发茶叶的水分，激化高沸点的芳香物质，然后是降低温度，足火慢烘发展香气。一道工序下来，又是一个多钟头。

等茶做好出炉，我们也停止了茶样品鉴，数数茶盘里的茶渣，有20多堆，看看闹钟，已经是凌晨3点多，村里很静，我们很满足。

过了清明是谷雨，茶叶慢慢长大，碧螺红茶一批批做了出来。这期间，又认识了新来的第一书记杨建华。

4月份，杨书记带领青年团员来体验采茶。

5月份，CCTV7农业频道来报道了碧螺红茶。那一次我发现，杨建华书记和郑豪两人特别像。

6月份，杨书记组织老干部来衙甪里品尝碧螺红茶了。

7月、8月，郑豪每月采茶，并将做成的红茶带到

"一记红"包装成品

我的茶院来品鉴。

9月份，杨书记和郑豪用村里的幼橘，加上碧螺红茶，做了"小青柑茶"，被大家称为"小心肝"，品质口感都很好，获得一致好评。

被誉为花果山的西山岛，月月有花、季季有果。有优良的茶树品种，有良好的生态环境，衙甪里村也具备这些。碧螺红茶成了精准扶贫项目之一，依托积累了制茶经验，有了标准的制茶车间，2018年春天，我们迎来了"一记红"碧螺红茶的对外发布会，一款地道的碧螺红茶面世了。

写到这里，我静静地伫立在小窗边，月光宛若薄纱，几许微风，吹落了思绪。在这样的夜里，静静地坐下来，慢慢地泡一壶碧螺红茶，唇齿间弥漫着淡淡的茶香，每一缕茶香，都伴随着一段温馨的记忆和那份意味深长的隽永。

浓茶淡水，细斟慢饮，品的是茶，亦是生活和人生的况味。我想，这或许是人的心情诠释了茶，抑或是茶的醇香抚慰了喝茶人的心。

肆

跋

跋

这三年来，国网苏州供电公司和金庭镇在市区两委组织部门的指导下，挂钩帮扶工作成果不断巩固，创新创效举措不断丰富，逐步构建起"地企合作"创新模式，共同致力于精准扶贫和乡村振兴的伟大实践。

纵观两任第一书记的工作实践和成绩，可以看到他们沿着"抓党建、促发展、惠民生"这条精准扶贫总体思路，依托央企优质资源和当地本土资源，逐步探索出了衙甪里村绿色发展新模式。

一是"党"字领衔，运用"党建＋扶贫"责任制工作模式。

精准帮扶具体项目由村两委班子每人挂钩负责一项。将帮扶目标通过党建结对项目化，把对结在具体工作中，细化到项、具体到人、落地生根。通过好项目的"输血"，实现自身的"造血"，同时也提升了党员干部的能力和在群众中的威信。

二是"电"字率先，创新"电力＋清洁"能源发展模式。

电力先行，以国际能源变革发展典范城市建设为契机，为金庭镇度身打造"绿色低碳发展小镇"建设蓝图，将清洁能源理念和实践融入其中。实施"亮村计划"，完成岛内首个利用光伏发电和储能的路灯项目；结合村渔民码头整治扩建，新建岸电上船装置；提升旅游资源，为自驾游集中停车场新建电动汽车充电桩，初步形成"源网荷储"清洁能源微电网，进而全面和深入地提出了环太湖地区，环境和生态保护需要下的农村发展绿色能源新模式。

三是"准"字当先，提出"创新＋品牌"产业发展模式。

在深入调研和论证的基础上，设立"碧螺红茶品质提升和品牌塑造"精准扶贫核心项目，创新红茶工艺，创立"一记红"碧螺红茶品牌，帮助衙甪里村成立专门的红茶研制基地和生产基地，探索种植—生产—销售的全产业链碧螺红茶创新发展模式，打造洞庭碧螺红茶样本示范基地，为实现金庭镇经济薄弱村脱贫提供了一条绿色致富途径。

习近平总书记提出，要坚持乡村全面振兴，抓重点、补短板、强弱项，实现乡村产业振兴、人才振兴、文化振兴、生态振兴、组织振兴，推动农业全面升级、农村全面进步、农民全面发展。为此，作为基层党委，要发挥地企各自优势，加强地企项目合作，创新地企发展模式，为实现产业兴旺、生态宜居、乡风文明、治理有效、生活富裕的乡村振兴而撸袖奋斗！

图书在版编目（CIP）数据

一记红 / 吕文杰主编 . —苏州：古吴轩出版社，
2018.12

ISBN 978-7-5546-1289-7

Ⅰ . ①一… Ⅱ . ①吕… Ⅲ . ①红茶—介绍—苏州
Ⅳ . ① TS272.5

中国版本图书馆CIP数据核字（2018）第267137号

责任编辑：张　颖
见习编辑：周　娇
版式设计：苏州麦禾文化传媒股份有限公司
责任校对：韩桂丽　江莺华
封面绘画：徐惠泉
封面题字：程秋一

书　　名：一记红
主　　编：吕文杰
出版发行：古吴轩出版社

地址：苏州市十梓街458号　　　邮编：215006
Http://www.guwuxuancbs.com　E-mail:gwxcbs@126.com
电话：0512-65233679　　　　　传真：0512-65220750

出 版 人：钱经纬
印　　刷：无锡市证券印刷有限公司
开　　本：889×1194　1/32
印　　张：5.5
版　　次：2018 年 12 月第 1 版　第 1 次印刷
书　　号：ISBN 978-7-5546-1289-7
定　　价：38.00 元

如有印装质量问题，请与印刷厂联系。0510-85435777